"十二五"重点图书　　　　★学术研究系列

混沌波形的相关性

——相空间轨迹与混沌序列自相关特性

陈　滨　著

周正欧　审

西安电子科技大学出版社

内 容 简 介

本书在简单介绍混沌及其研究方法和实际应用的基础上，研究了混沌的相空间轨迹结构同混沌自相关特性的联系。采用相空间方法，探讨了混沌时间序列的自相关的规律性，取得了一定的明晰、实用的研究成果：建立起混沌内部规律同其自相关的联系，论证了 APAS 定理，并指出通过 APAS 定理可以判断出自相关特性不好的序列的结构瑕疵，同时提出了针对这些瑕疵进行改良的方法，改善了序列的自相关性能。笔者进行了大量仿真对上述内容和理论作了证实。

本书还介绍了先前用弱结构法对混沌自相关特性初步改进的成果，也用 APAS 定理对弱结构法作了解释；从实用角度出发，探讨了噪声及误差对混沌自相关和改进方法的影响。

本书对于混沌信号的应用和进一步研究有重要参考价值。

图书在版编目（CIP）数据

混沌波形的相关性——相空间轨迹与混沌序列自相关特性/陈滨著.
一西安：西安电子科技大学出版社，2011.12
（学术研究系列）
ISBN 978 - 7 - 5606 - 2711 - 3

Ⅰ．① 混…　Ⅱ．① 陈…　Ⅲ．① 混沌理论－自相关函数－研究　Ⅳ．① O415.5

中国版本图书馆 CIP 数据核字（2011）第 258611 号

策　　划　李惠萍
责任编辑　李惠萍　李晶
出版发行　西安电子科技大学出版社（西安市太白南路 2 号）
电　　话　(029)88242885　88201467　　邮　　编　710071
网　　址　www.xduph.com　　　　　电子邮箱　xdupfxb001@163.com
经　　销　新华书店
印刷单位　陕西天意印务有限责任公司
版　　次　2011 年 12 月第 1 版　2011 年 12 月第 1 次印刷
开　　本　787 毫米×960 毫米　1/16　印张 10
字　　数　173 千字
印　　数　1～2000 册
定　　价　19.00 元
ISBN 978 - 7 - 5606 - 2711 - 3/O • 0119
XDUP　3003001－1

序

 混沌是 20 世纪物理学上的一个重要发现,它的发现吸引了诸如数学、物理、化学、天文、地理、生物、信息等领域研究人员的兴趣。

 混沌及其应用已成为国内外的一个热门研究课题。

 从事电子科学与技术的研究人员,正在积极地研究将混沌信号应用于通信与雷达领域中。

 混沌信号具有以下特性:

 (1) 非周期、宽频谱和类噪声特性;

 (2) 其产生依赖于初始条件,且长期特性不可预测;

 (3) 易于产生和复制;

 (4) 种类繁多,数目巨大。

 因此,将它作为通信与雷达的信号源对研究人员是具有很强的吸引力的。本书正是从这一点出发,广泛地收集了现有的研究成果并结合作者本人所作出的研究来探讨如何将混沌信号应用于通信与雷达中。

 同步与自相关特性是实现这种应用所必须解决的问题。

 关于同步问题,作者首先介绍了混沌同步的定义、类型以及同步控制的方法。针对目前常用的混沌系统,按其动力方程分为分块线性和二阶可微的两大类混沌系统,给出了同步的充分条件,并证明此条件一定可实现。从理论上表明混沌同步在通信和雷达中的应用是可行的。

 混沌信号的自相关特性对通信与雷达的性能具有很重要的影响,尤其是对混沌信号在雷达领域的应用影响重大。

 一些混沌信号的自相关特性好(即主峰尖细突出,极低副瓣),其模糊函数呈图钉状,很适用于具有大时带积的脉冲压缩雷达,能兼顾长作用距离和高距离分辨力。

 但是,不是所有类型的混沌信号都具有良好的自相关特性,即使自相关特性好的某些类混沌信号在进行调制后，其自相关特性也会变坏。

作者先介绍了弱结构法对混沌信号自相关特性的初步改进，使得具有弱结构性的混沌信号能在经受各种雷达调制后依然保持良好的自相关特性和模糊函数性能。但弱结构法只是从外特性上使混沌信号接近噪声特性而获得好的自相关特性。

为了从本质上解释这些现象，作者提出采用相空间法对混沌信号的自相关特性进行研究，得出了一个对序列自相关特性较好的推测、判断，即 APAS 定理。作者用 APAS 定理检验了多种混沌信号，表明用 APAS 定理可以判断一个混沌信号自相关特性的好坏，还可以根据 APAS 定理找出自相关特性不好的序列的相空间结构的缺点。改正这些缺点可使其自相关特性变好。作者同时指出，这些改良后的混沌信号具有好的自相关特性，但在经过某些调制后有些调制混沌信号自相关特性仍可变差。

综上所述，本书较全面和深入地介绍、探讨了混沌信号在通信和雷达应用中已解决和尚待解决的问题，为混沌信号的应用打下了良好的基础，具有重要的学术价值与应用价值。

周正欧

2011 年 11 月

前　言

　　混沌现象和机理存在于几乎所有物质世界以及人类社会中，对事物乃至人类行为、社会的演化都起着一定的作用。混沌现象无处不在，大至宇宙，小至基本粒子，无不受混沌理论的支配。在现代的科学中普遍存在着混沌现象，混沌打破了不同学科之间的界线，它是涉及系统总体本质的一门新兴科学。混沌外表虽然类似随机现象，但不同于随机现象，混沌内部往往存在固有的确定的规律性。

　　随着对混沌的深入研究，混沌日益广泛地应用到各个领域中。但对混沌的一些基础特性方面的研究，比如对混沌自相关特性的研究，还存在不足。信号的自相关特性是对信号相关程度的一种度量，是信号在一个方面的性能的重要表征，在现代科学的各个领域，比如在信号检测方面，有着广泛和至关重要的作用。

　　不同混沌序列的自相关特性往往是不同的，就是同一混沌序列，其不同调制下的自相关特性往往也不同。之前的研究难以找到其中的规律，难以建立混沌内部规律性同其自相关特性之间的有效联系，从而难以判断和找到自相关有问题的混沌信号内在结构上的瑕疵，也无法对其相关特性进行有效的选择和改良。这对混沌的分析和应用带来了很大的问题，也反映了把复杂多样的混沌内部固有规律同其统计特性联系起来确是有待解决的研究难题。

　　本书内容延续了作者在电子科技大学的研究课题——"混沌在时变参数保密通信及雷达波形设计中的应用基础研究"[2]，是对混沌自相关特性的进一步研究。书中综合了作者近期发表的一系列论文[3-10]的研究成果。采用相空间方法，把相空间轨迹同自相关特性联系起来，在探讨混沌时间序列的自相关的规律性方面取得了一定的明晰、实用的研究成果：建立起混沌内部规律同其自相关的联系，论证了 APAS 定理，指出通过 APAS 定理可以判断出自相关特性不好的序列的结构瑕疵，还可以针对这些瑕疵进行改良，提高序列的自相关性能。为运用非线性系统的结构性研究非线性序列的一些特性，比如自相关特性，开辟了新的思路。

　　本书内容具体安排如下：

　　第一章，介绍了混沌及其特点，阐述了混沌研究的目的及意义、混沌研究的发展历程以及混沌研究的一些方法。针对本书的研究内容，着重介绍了相空间表征方法以及混沌的多样性。

第二章，简单介绍了混沌的一些应用，比如混沌控制和同步，以及混沌在通信和雷达领域的应用。

第三章，介绍了混沌的自相关函数及其应用，混沌自相关存在的问题，以及目前在这方面研究的缺乏。指出用传统方法研究混沌自相关是困难的。

第四章，比较了混沌和噪声的异同，提出了用弱结构的方法初步解决混沌自相关的问题，对弱结构法的作用及目前存在的问题作了介绍。

第五章，针对混沌的内在有序性，采用相空间法研究混沌序列的自相关特性。对相空间与自相关的联系作了论述，论证得到了明晰、实用的 Autocorrelation Phase-space Axis Symmetric(APAS)定理，并用此来处理混沌自相关特性不稳定的问题，包括对混沌自相关特性的判定和改良。

第六章，用前面得到的 APAS 定理，对各种混沌序列、噪声序列，甚至是一般的其他序列的自相关特性进行了检验，也对序列的相空间结构缺陷作了鉴别，另一方面，验证了 APAS 定理的正确性。

第七章，根据 APAS 定理，提出了改良序列自相关特性的方法，用此方法对自相关特性不好的各种混沌序列、噪声序列，甚至是一般的其他序列的自相关特性进行了改良，取得了很好的效果，表明此方法是简单、实用和有效的。本章还从实用角度出发，探讨了数模转换(ADC)和噪声对自相关特性的影响，研究表明 ADC 和噪声对自相关特性的影响是比较小的，对本书提出的改良自相关的方法影响也很小。

第八章，总结了本书采用的相空间法研究混沌序列自相关的作用和意义，提出了我们下一步的研究计划：相空间法对混沌序列调制自相关特性的研究。调制自相关更加多样和复杂，研究难度更大，但信号往往是经过了调制才来使用的，因此，混沌调制自相关的研究具有很重要的实际意义。

感谢笔者的导师周正欧教授、刘光祜教授、张玉兴教授在笔者的研究过程中给予的悉心指导，同时感谢何子述教授、洪时中教授对笔者的帮助。也要感谢西安电子科技大学出版社李惠萍等同志为本论著的出版所做的细致的工作。

限于笔者的能力，书中难免存在不足之处，敬请同行、专家批评、指正。

陈 滨

2011 年 9 月

目　　录

第一章 混沌简介

1.1 绪 言

混沌现象和机理无处不在，存在于几乎所有物质世界以及人类社会中。随着混沌研究的深入以及混沌日益广泛地应用到各个领域中，对混沌的一些基础特性方面的研究的不足已凸显出来，比如，对混沌自相关特性的研究。信号的自相关特性是对信号相关程度的一种度量，是信号在一个方面的性能的重要表征，在现代科学的各个领域，比如在信号检测方面有着广泛和至关重要的作用。不同混沌序列的自相关特性往往是不同的，就是同一混沌序列，其不同调制下的自相关特性往往也不同。之前的研究难以找出混沌自相关特性有好有坏的规律性，给混沌应用带来了一定的困难。

混沌外表虽然类似随机现象，但它又不同于随机现象，混沌内部往往存在固有的确定的规律性。以往对混沌自相关的研究往往对混沌内在的规律性重视不够，难以建立混沌自相关同其内在规律的联系，导致研究遇到了困难。这也反映了由于混沌几乎无穷的复杂性，导致了综合研究复杂多样的混沌内部的固有规律是一个艰难的研究课题。

以下对混沌作一个简单的介绍。

1.2 混沌基础

1.2.1 混沌及其研究的历史发展

现实世界一般不是有序、稳定和平衡的，一切系统都含有不断起伏着的子系统，有时其一个微小的起伏或涨落都有可能演变成巨大的波澜，使原系统的运行状态完全改变。在这个奇异时刻，根本无法预知变化将向何处去——是分解形成混沌状态，还是跃变到一个新的更加细分的有序态。混沌沟通了有序与无序、确定与随机之间的联系，有序态和混沌态之间的共存和互演开拓了一个全新的视野。

混沌（Chaos）是确定性系统中出现的极其复杂的、类似随机的现象。这里，"确定性系统"是指混沌系统由确定的动力学方程所描述。"随机"是指混沌本身具有内随机性，表现为系统长期行为的不可预测性[1-24]。混沌现象表明了确定性与随机性两者是相通的，体现了两者既对立又统一的关系，即确定性内在地包含随机性，随机性隐含着确定性。混沌是有序中产生的无序运动状态，无序来自有序，无序中蕴涵着有序。混沌不等于混乱，是一种貌似无序的复杂有序现象[1]。混沌系统的最大特点就在于系统的演化对初始条件十分敏感，因此从长期意义上讲，系统的未来行为是不可预测的。

混沌机理存在于几乎所有的物质世界以及人类社会中，对事物乃至人类行为、社会的演化都起着一定的作用。混沌现象无处不在，大至宇宙，小至基本粒子，无不受混沌理论的支配。客观世界存在混沌，如数学、物理、化学、生物学等；主观世界同样存在混沌，如哲学、经济学、社会学、音乐、体育等等。因此，科学家认为，在现代的科学中普通存在着混沌现象，它打破了不同学科之间的界线，它是涉及系统总体本质的一门新兴科学。人们通过对混沌的研究，提出了一些新问题，向传统的科学提出了挑战。

近代科学由于以研究自然界的秩序和规律为其宗旨，所以数百年来把混沌现象排除在外。因而，自然界中大量的混沌现象就被科学家们遗忘了。而笛卡儿和康德却是例外，尽管他们只是把混沌看成浑然一体，混乱不堪的东西，但是他们认为有序的宇宙正是从这样的混沌之中发展起来的。在这期间值得一提的就是康德，他的星云假说认为，太阳系是由处于混沌状态的原始星云演化而来的，并指出："我在把宇宙追溯到最简单的混沌状态以后，没有用别的力，而只是用了引力和斥力这两种力来说明大自然的有秩序的发展。"因此，康德是考察宇宙从混沌到有序的演化的第一人。

19世纪中期，自然科学家首先讨论混沌问题的是在热力学领域。大家知道，当达到热力学平衡时，系统内部中的每一点的温度、压强、浓度、化学势等均无差别，处处相同，熵极大，即分子的混乱度极高。可见，热力学的平衡态实际上是一种传统意义上的混沌态。与此同时，科学家们还探讨了布朗运动、丁铎尔现象、反应体系中反应基因的无规则碰撞等这些微观状态，发现它们与混沌有关，都是混沌无序的状态，就连根深蒂固的牛顿力学也受到了它的冲击。

众所周知，300多年前，牛顿的万有引力定律和他的三大力学定律将天体的运动和地球上物体的运动统一起来了。牛顿的这一科学贡献曾被视为近代科学的典范。

随着科学的发展，人们进一步认识到，牛顿力学的真理性受到了一定范围的限制。19世纪末20世纪初，人们发现牛顿力学不能反映高速运动的规律，一切接近光速的运动应当用爱因斯坦的相对论方程来计算，光速 c 便成为牛顿力学应用的第一个限制。在此前后，人们又发现，微观粒子的运动并不遵守牛顿力学的规律，在微观世界中应当用量子力学中的薛定谔方程来代替牛顿力学方程，普朗克常数 h 就成了牛顿力学的第二个限制。

科学史上，最早的混沌研究可以追溯到 19 世纪的法国数学物理学家庞加莱(J. H. Poincare)[1, 24]。他在研究保守系统天体力学时，以太阳系的三体运动问题为背景，发现三体引力相互作用能产生惊人的复杂行为，确定性动力学方程的某些解具有不可预见性[1, 12, 24]。即在简单力学规则下，无法精确计算三个或三个以上天体的运动，意识到简单规则下多体引发的混沌运动的复杂性。实际上，这就是混沌现象。这一发现使庞加莱成为公认的混沌理论的开创者[24]。他为混沌动力学理论贡献了一系列重要概念，如奇异点、分岔等，还提出了参数微扰、庞加莱截面法等混沌研究方法。1903 年，他在《科学与方法》上把动力学系统与拓扑学结合起来，指出了混沌存在的可能性，同时，庞加莱还意识到不可预测的偶然性起源于不稳定性。在庞加莱之后，很多科学家在各自的研究领域为混沌的建立进行了知识积累[24]。

20 世纪五六十年代，混沌理论研究取得了重大突破[24]。前苏联概率论大师 A. N. Kolmogorov 发现，如果把一个充分接近可积 Hamilton 系统的不可积系统当作可积 Hamilton 系统的扰动来处理，在小扰动条件下，系统的运动图像与可积系统基本一致；而扰动较大时，系统的图像发生了本质变化，产生了混沌现象。随后他的学生 V. I. Arnolg 及瑞士数学家 J. Moser 分别给出了较弱条件下的证明。人们将这些结论综合起来称为 KAM 定理，该定理被公认是混沌学理论创建的历史性标志[24]。这也是一个多世纪以来，人们利用微扰方法处理不可积系统所取得的第一次突破性进展，成为现代混沌学的一个开端[1, 24]。1963 年，美国气象学家 E. N. Lorenz 在有关耗散系统的研究中取得了现代混沌学研究的第二个突破性进展[1, 23-24]。他在对一个由确定的三阶常微分方程组描述的大气对流模型的研究中发现，系统的长期行为对初值的微小变化具有高度的敏感依赖性，这就是有趣的"蝴蝶效应"。这一结果表明，长期的天气预报是不可能的[23]。根据这一结果，Lorenz 在流体对流模型数值解的不确定性论文《确定性的非周期流》中揭示了混沌系统的不可预测性[23, 24]，从而为耗散系统的混沌研究开辟了崭新的道路[1]。

20 世纪 70 年代，混沌学作为一门新的科学正式诞生。1971 年，D. Ruelle 和 F. Takes 通过严密的数学分析独立地发现了奇怪吸引子，并提出利用奇怪吸引子描述湍流形成机理的新观点，发现了第一条通向混沌的道路，为解开湍流的百年之谜指出了方向[1, 24]。1975 年，美籍中国学者李天岩及其导师 J. A. Yorke 在一篇题为《周期 3 意味着混沌》[1]的著名论文中，给出了在闭区间连续自映射的混沌定义，深刻揭示了从有序到混沌的演变过程，并正式引入了"混沌"一词，从而为这一新兴研究领域确立了核心概念，为各个学科研究混沌现象树立了一面统一的旗帜[1, 24]。1977 年，第一次国际混沌会议在意大利召开，标志着混沌科学的诞生[24]。

20 世纪 80 年代，混沌的理论得到了进一步发展。在这期间，Lyapunov 指数、分数维、吸引子等一系列刻画混沌的概念先后被确定下来[1, 21, 24]。1980 年 Takes 等人提出了根据时间序列重构系统动力学结构的延迟坐标法，为混沌时间序列的建模预测奠定了理论基础[24]。1982 年，Gukenheimer 利用 Lyapunov 指数发展了区分混沌与真正随机运动的算法。1983 年，Ford 利用遍历理论，得出混沌产生于通常被称为确定性系统的原因在于"数学上所要求的无限精度与物理系统所提供的有限精度之间的矛盾"[24]。1984 年，郝柏林的《混沌》一书在新加坡出版，为混沌科学的发展起了一定的推动作用[12, 24]。1986 年，中国第一届混沌会议在桂林召开，中国科学家徐京华首次提出三种神经细胞的复合网络，并证明它存在混沌[24]。

随着对混沌研究的不断深入，人们在对混沌现象、产生机制等进行探索的同时，也在关注混沌应用的研究。20 世纪 90 年代初，国际上混沌控制与同步[1, 25]有了突破性的进展，激发了混沌理论与应用研究的蓬勃发展，从而使混沌的应用出现了契机[1, 13, 24]。由于混沌的奇异特性，特别是对初始条件极其微小变化的高度敏感性及不稳定性，即所谓"差之毫厘失之千里"的缘故，使得混沌系统的长期运动具有不可预测性。所以，一直以来，人们认为混沌是有害的，不可控的、不可靠的，在实际中总是尽量避免混沌[12]。同时，混沌系统及混沌现象的奇异和复杂性也尚未被彻底理解，人们一直认为混沌系统不能人为地控制和诱导。直到 1990 年，美国科学家 Ott，Grebogi，Yorke 基于参数扰动方法提出了参数小微扰法（即 OGY 方法），才第一次实现了混沌控制[1, 11-24]。后来，一些传统的控制方法引入到混沌控制中，并获得了一些有益的成果。这些方法不仅提供了混沌控制的途径，更重要的是，为混沌控制走向实际应用奠定了坚实的基础[1]。最早混沌控制的目的是消除混沌，但在一些实际问题中，混沌态本身就是很有用的运动形态，甚至是我们追求的目标。例如，当粒子在固体表面上通过扩散实现掺杂时，强混沌的运动形态有利于掺杂的速度和质量；在研究心脏的振动规律时人们发现，混沌信号正是健康的标志等等[1]。既然混沌对人类也有着正面的作用，研究如何在保持系统混沌特征的同时又能控制其轨道行为就成为一个有用的课题，这就引出了混沌同步的概念。从总体上说，混沌同步属于混沌控制的范畴，所不同的是其控制的目标态是混沌[1]。首例混沌同步现象是由美国学者 Pecora 和 Carroll 于 20 世纪 90 年代初期在电子学线路设计实验中实现的，并将其成功应用于保密通信中[1, 11, 21]。在此之前，由于混沌行为的最大特点是运动轨迹对初始条件的极大敏感性，使得任何两条相邻的轨道都要以指数规律互相分离直至变得完全互不相关。长期以来，人们认为重构相同的完全同步的混沌系统是不可能的。混沌同步的发现打破了这个禁锢，极大地推动了混沌同步的理论研究，从而拉开了混沌应用研究的序幕[24]。

正如日本著名统计物理学家久保在 1978 年所指出的："在非平衡非线性的研究中，混沌问题揭示了新的一页。"美国一个国家科学机构把混沌问题列为当代科学研究的前沿之一。混沌科学最热心的倡导者、美国海军部官员施莱辛格 (Shlesinger M) 说："20 世纪科学将永远铭记的只有三件事：相对论、量子力学与混沌。"物理学家福特 (Ford J.) 认为混沌就是 20 世纪物理学第三次最大的革命。

与牛顿力学的应用经受相对论和量子力学革命性的突破有所不同，这次革命的实质就在于混沌是直接用于研究人们所感知的真实宇宙，用在与人类本身的尺度大小差不多的对象中所发生的过程。人们研究混沌时所探索的目标就处在日常生活经验与这个世界的真实图像之中。

众所周知，牛顿力学所描绘的世界是一幅静态的、简单的、可逆的、确定性的、永恒不变的自然图景，形成了一种关于"存在"的机械自然观。而人们真正面临的世界却是地质变迁、生物进化、社会变革这样一幅动态的、复杂的、不可逆的、随机性的、千变万化的自然图景，形成的是关于"演化"的自然观。因此，混沌是一种关于过程的科学而不是关于状态的科学，是关于演化的科学而不是关于存在的科学。十几年间，科学界以极大的热情投入到混沌理论与混沌控制试验应用的研究中。虽然步履维艰，但已经取得了一些突破性的进展[1-24]。例如，美国宇航总署的科学家们使用非常少的残余氢燃料把一个 ISEE - 3/ICE 飞行装置送到五千万英里之外，从而实现了"第一次科学彗星的对接"。他们指出，"这一项功绩归咎于天体力学中三体问题对于微小扰动的极端敏感性，而这在非混沌系统中是不可能的，因为那种系统需要巨大的控制量才能获得巨大的功效"。这些成绩的取得也给了混沌控制的应用前景一个充分的肯定。

目前，混沌及其应用已成为国内外的一个热门研究课题，并为高科技提供了新的生长点和发展空间[1]。诸如：基于混沌及其同步的保密通信和混沌信息技术将在信息时代产生深刻的影响；强流加速器驱动的放射性洁净核能系统，比常规核电更安全、更干净、更便宜，而控制强流束产生的束晕—混沌已经成为强流离子束应用中的关键技术之一；混沌理论在生物医学工程中对探索生物复杂性、人脑奥秘，控制心脏系统和"动态病"治疗等提供了新思路和新方法；混沌还大大提高了激光输出功率，改善了激光性能，使激光应用更加广阔，等等[1]。伴随着科学技术的进步，混沌与混沌控制在国防和国民经济领域将展示出越来越大的应用潜力[1]。

1.2.2 混沌研究的目的和意义

混沌在现代科学技术中占有重要的地位。一方面，混沌理论及混沌现象是非线性科学研究中的重要组成部分之一[1-24]。另一方面，正如混沌科学的倡导者之一 M. Sblesinger 和物理学家 J. Ford 所说的，混沌的发现是 20 世纪物理学上继相对论与量子力学后的第三次革命[1]。"相对论消除了关于绝对空间与时间的幻象；量子力学消除了关于可测量过程的牛顿式的梦；而混沌则消除了拉普拉斯关于决定论式可预测性的幻想"，从而大大解放了人们的思想[1]。也就是说，混沌动力学的建立，使描述客观世界的两大理论体系——确定论和随机论长期对立的状态达到了自然和谐的统一，找到了由此及彼的桥梁；解开了哲学上的百年之谜，使人类的认识产生了一次新的飞跃，对有序与无序、确定与随机之间关系的认识更加深刻；启示人们认识事物的复杂性，揭示出自然界及人类社会中普遍存在的复杂性、有序与无序的统一、确定性与随机性的统一[1-24]。目前，混沌论甚至被视为一种崭新的方法论，将成为人们深入认识客观世界和改造客观世界的新武器[1]。美国《纽约时报》科技部主任格莱克在其全球畅销书《混沌：开创新科学》中对混沌的意义和可能的影响作了精彩的评说，"其覆盖面几乎广及自然科学与社会科学的每个领域。它不仅改变了天文学家看待太阳系的方式，而且开始改变企业保险决策的方式，改变分析紧张局势导致武装冲突的方式等等。混沌学正在促使整个现代知识体系成为统一的新科学"[1]。

混沌现象广泛地存在于现实世界中，涉及数学、物理、化学、天文学、地理学、生物学等各领域[1-24]。同时，混沌具有对初始值极端敏感，功率谱连续等特性[1-24]。混沌在现实生活中到底是有害还是有益？混沌是否可以控制？有何应用价值及发展前景？这些都促使人们去思考。

自 20 世纪 70 年代以来，混沌和有关奇怪吸引子的理论有了很大的发展，并直接影响到数学、物理学中的许多分支，具有重要的实际意义。在力学方面，以往总是把牛顿力学和"决定论"联系在一起，只要初始条件和受力状态确定，以后的运动就完全确定了。然而由于运动具有内在随机性，使其由牛顿运动定律所确定的"初态"变得不可预测，它只有某种统计特性。在分析力学方面，过去主要是通过建立一般系统的力学方程来进行求解，或当大多数方程无法积分时，只能研究其解的各种性质。然而混沌理论指出了这类非线性系统发展和研究的新途径。混沌理论明确指出，高维非线性系统的方程不仅不能积分，而且其解对初值有敏感的依赖性。因此，还得用类似于统计力学的观点去处理。在流体力学中，湍流是一种极为复杂的现象，它的产生机理长期以来一直是一个悬而未决的难题。其困难的部分原因在于它同时存在着许多长度标度，即缺少单个的特征长度。1971年茹厄勒和塔肯斯最早用奇怪吸引子理论来阐明湍流发生机制，其机制为不动点→极限环→2维环面→奇怪吸引子（湍流），被称为茹厄勒—塔肯斯道路。他们的观点至今未得到承认，这是因为有人认为混沌理论目前还只能处理有限的低维的常微分方程，而真正的湍流则出现在3维空间中，并且流体运动的 Navier–Stokes 方程的动态与简化的常微分方程组的性质很不一样，用混沌解决湍流问题还为时尚早，但这种通向湍流的道路（还有费根包姆倍周期分岔道路、皮姆—曼恩威勒阵发混沌道路等）很有可能为湍流研究打开了一条新的思路。在非线性振动理论方面，大家知道，即使在周期性的激励下，非线性系统也会出现随机运动，那么在随机力的作用下，非线性系统又会出现哪些动态呢？这里的随机力（又称噪声或涨落力）是指它的作用与宏观变量相比是很小的，并且它反映了微观运动对宏观变量在演化过程中的杂乱无章的作用。因此，以往人们总是期望这种随机力对宏观运动的影响是小的，并作为一种消极的干扰来处理。然而，自20世纪70年代以来的非线性科学和统计物理的最新发展表明，一个小的随机力并不仅仅对原有的确定性方程结果产生微小的改变，而且它能出人意料地产生很多重要的影响。在一定的非线性条件下，它能对系统演化起决定性的作用，甚至能改变宏观系统的未来命运。另外，这种无规则的随机干扰并不总是对宏观秩序起消极破坏作用，在一定条件下它在产生相干运动和建立"序"上起着十分积极的创造性的作用。所以，揭示非线性条件下随机力所产生的各种重要效应，进而研究这类效应产生的条件、机制及其应用便成为目前非线性科学和统计物理发展的一个重要任务。

混沌牵涉到现实世界的方方面面，对现实世界造成了广泛而重要的影响，因此，我们无法逃避混沌，研究混沌是必须的。但混沌表现出来的状态、混沌的种类、产生机制和产生条件都很复杂，这就增加了我们研究的难度，同时也对混沌的应用设置了障碍。

但混沌复杂性却同混沌的一个重要特点——内部固有结构性有着紧密的联系。因此，利用混沌的内部固有结构性来研究混沌，是一个有效的方法[2-10]，也是本书研究混沌自相关的一个关键的方法[3-10]。

1.3　混沌的基本理论

1.3.1　混沌的定义

迄今为止，关于混沌还没有严格而被普遍接受的数学定义[1, 16]。最早的混沌定义是由李天岩和 J. A. Yorke 在1975年发表的一篇《周期3意味着混沌》的论文中提出的[1]，因此，该定义称为 Li - Yorke 定义。

定义 1.1[1, 16]（Li - Yorke 定义） 设 $f: J \to J$ 是闭区间 $J \subset \mathbf{R}$ 上的连续映射，如果满足下列条件：

(1) f 周期点的周期无上界；

(2) 存在不可列集 $S \subset J$，S 不含周期点，且满足

① 对任意 $x, y \in S$，$x \neq y$，有

$$\lim_{n \to \infty} \sup |f^n(x) - f^n(y)| > 0 \qquad (1-1)$$

② 对任意 $x, y \in S$，有

$$\lim_{n \to \infty} \inf |f^n(x) - f^n(y)| = 0 \qquad (1-2)$$

③ 对任意 $x \in S$ 及周期点 $y \in J$，有

$$\lim_{n \to \infty} \sup |f^n(x) - f^n(y)| > 0 \qquad (1-3)$$

式中，$f^n(\cdot)$ 表示对函数 f 的 n 次迭代，即

$$f^n(\cdot) = \underbrace{f(f(\cdots f(\cdot)))}_{n} \qquad (1-4)$$

则称 $f: J \to J$ 在 S 上是混沌的。

根据 Li - Yorke 定义，Day 指出混沌系统应具有如下的三种性质[1, 12]：

(1) 存在所有阶的周期轨道。

(2) 存在一个不可数集合，该集合只含有混沌轨道，且任意两个轨道既不趋向远离也不趋向接近，而是两种状态交替出现。同时，任一轨道不趋于任一周期轨道，即该集合不存在渐近周期轨道。

(3) 混沌轨道具有高度的不稳定性。

1989 年，Devancy R. L[24]，提出了一个相对能为多数人接受，并且影响比较大的混沌定义。在给出定义之前，首先定义两个术语：

定义 1.2[24] 设 J 为拓扑空间，映射 $f: J \to J$。如果对任意的开集 $U \subset J$，$V \subset J$，存在 $k > 0$，$k \in \mathbf{Z}$，使

$$f^k(U) \bigcap V \neq \Phi \qquad (1-5)$$

其中，$f^n(\cdot)$ 表示对函数 f 的 k 次迭代，则称 $f: J \to J$ 为拓扑传递的。

定义 1.3[24] 如果对给定的 $\delta > 0$，对任何 $x \in J$ 和在 x 的任何邻域 U 上，都存在 $y \in U$ 和 $n \geqslant 0$，$n \in \mathbf{Z}$，使得

$$|f^n(x) - f^n(y)| > \delta \qquad (1-6)$$

则称 $f: J \to J$ 对初始条件具有敏感依赖性。

直观上，映射具有对初始条件的敏感依赖性是指，对于任意接近 x 的点，在 f 的有限次迭代之后，它和 x 的分离程度可大于任意给定的 δ。这里强调，并非要求 x 附近的所有点都在迭代下与 x 分离，而是要求在 x 的每一个邻域中

必须存在这样的点。

下面给出 Devancy R. L 的混沌定义：

定义 1.4[24]   设 V 为一集合，如果满足下列三个条件，则称 $f: V \to V$ 在 V 上是混沌的：

(1) f 有对初始条件的敏感依赖性；

(2) f 是拓扑传递的；

(3) 状态点在 V 中是稠密的。

Devancy R. L 的定义说明混沌映射具有三个要素，即不可预测性，不可分解性和规律性。其中，对初始条件的敏感依赖性导致该系统是不可预测的；拓扑传递性导致该系统不能被分解为两个互不影响的子系统；在"混乱"的形态中，规律性的因素导致有稠密的周期点[24]。

另外，被誉为"混沌之父"的美国科学家 Lorenz 曾经对混沌定义给出过一个通俗的说法[21]：一个真实的物理系统，在排除了所有的随机性影响以后，仍有貌似随机的表现，那么这个系统就是混沌的。

Lorenz 的定义说出混沌具有如下的基本特征：

(1) 混沌是系统固有的。系统所表现出来的复杂性是系统自身的、内在的因素造成的，并不是在外界的干扰下所产生的，是系统内随机性的表现。

(2) 混沌具有确定性。混沌的确定性分为两个方面：首先，混沌系统是确定的系统，是一个真实的物理系统；其次，混沌的表现是貌似随机，而并不是真正的随机。系统每一时刻的状态都受到前一状态的影响，是确定出现的。混沌系统的状态是可以完全重现的，这与随机系统不同。

1.3.2 混沌的主要特征

混沌是确定性系统中出现的类似随机的现象[1, 24]，具有如下所述的主要特征。

1. 对初始条件的极端敏感性

混沌系统对其初始条件具有极端的敏感性，这是混沌区别于其他运动形态的本质特征。这一特征意味着混沌的不可预测性。这里，不可预测是针对混沌系统的长期行为而言的，其短期行为是可预测和完全确定的[1, 23, 24]。

2. 有界性

混沌是有界的。它的运动轨迹始终局限于一个确定的区域，这个区域称为混沌吸引域。无论混沌系统内部状态多么不稳定，它的轨迹都不会走出混沌吸引域。所以，从整体上来说混沌系统是稳定的[1, 11, 24]。

3. 遍历性

混沌运动在其混沌吸引域内是各态遍历的，即混沌轨迹将经过混沌吸引域内的每一个状态点[24]。

4. 内随机性

虽然混沌系统的动力学方程是确定的，但其运动形态却具有某些"随机"性。这种随机性是在系统自身演化的动力学过程中由于内在非线性机制作用而自发产生出来的。因此，混沌的随机性是确定性系统的内在随机性。混沌的内随机性说明，混沌系统是局部不稳定的[1,24]。

5. 分维性

混沌不等同于随机运动，它在局部区域和空间中具有丰富的内涵[24]。表现为混沌运动轨迹在某个有限的区域内做无限次的折叠，运动状态具有丰富的层次和自相似结构。混沌的这种行为特征用分维性来表示[24]。

6. 非周期定常态特性

非周期性是混沌运动的一个重要特征。可以说，混沌没有通常意义下的定常态，或者说混沌的定常态就是这一非周期性过程。但是，混沌不是任意一种非周期运动，而是确定性的非周期性运动。这里的"确定性"，一是指棍沌是由确定性动力学方程产生的非周期运动，不是外部扰动引起的；二是指混沌是一种定常态行为，不是系统在过渡过程中呈现的非周期性[24]。

7. 统计特征

混沌运动具有某种统计确定性。例如，具有正的李雅普诺夫（Lyapunov）指数以及连续功率谱等[1,21,24]。

1.3.3　混沌的类型

首先，混沌可分为连续混沌系统和离散混沌系统。连续混沌系统是指状态变量是连续量的混沌系统，如 Lorenz 系统、Chua 系统、Rossler 系统等；离散混沌系统是指状态变量是离散量的混沌系统，如 Logistic 系统、Henon 系统等。这两种混沌系统在实际应用中都有很重要的作用。

其次，混沌可分为时间混沌、空间混沌、时空混沌和功能混沌四大类[1,11,24]。时间混沌是指存在与时间演化有关的混沌；空间混沌是指存在与空间位置变化有关的混沌；时空混沌是指同时在时间和空间上表现为混沌行为的现象；功能混沌则是更高层次的混沌现象，如人类的大脑神经网络表现出的混沌行为[24]。目前，针对时间混沌的研究比较多。

再次，从刻画系统的相空间或状态空间来看，可把混沌系统分为低维、有限维的系统和高维、无限维的系统。例如，1 维的有 Logistic 系统等，2 维的有 Henon 系统、Duffing 系统、VanderPol 等，3 维的有 Lorenz 系统、Chua 系统、Rossler 系统、Chen 系统等。

根据混沌系统的发散方向多少，可把混沌系统分为一般混沌系统和超混沌系统。具有一个以上的正的 Lyapunov 指数的系统称为超混沌系统[1, 24]，如 Rossler 超混沌系统、超混沌 LC 振子系统等。

1.3.4 混沌的分析方法

1. 理论分析法

理论分析法，就是对抽象出来的混沌系统或者其数学模型进行研究，根据其特点等已知条件，通过推导，得出我们感兴趣的一些结论。再把这些结论运用到实际的混沌系统中去，可以指导实践，以及对理论进行检验。比如运用 Lyapunov 稳定性定理，来研究混沌系统的同步条件[26-32]等。

比如本文后面提到的混沌同步的理论研究，通过对混沌模型的研究及推导，得出了许多同步的理论。在实践中，检验一个系统是否满足同步条件，可知其能否同步；反过来，观察满足理论条件的系统是否同步，可对理论正确与否进行检验。

2. 数值分析法

由于混沌运动的高度复杂性，很多实际系统难以用数学模型精确描述，再者，理论分析得出的结论，也需要用具体实例进行检验，因此，数值分析法在混沌分析中具有不可或缺的作用。下面介绍几种分析混沌的数值方法[7]。

考虑如下的混沌系统

$$\frac{\mathrm{d}\boldsymbol{X}}{\mathrm{d}t} = f(\boldsymbol{X}, p) \qquad (1-7)$$

其中，$\boldsymbol{X} \in \boldsymbol{R}^n$ 为系统状态，$p \in R^k$ 为系统参数，f 是光滑函数。对于给定的初始条件 $\boldsymbol{X}_0$，设系统的解为

$$\boldsymbol{X} = \boldsymbol{X}(t; t_0, \boldsymbol{X}_0, p) \qquad (1-8)$$

下面针对此混沌模型，以 Rössler 系统为例来阐述混沌的数值分析方法。

Rössler 系统方程为

$$\begin{cases} \dfrac{\mathrm{d}x_1(t)}{\mathrm{d}t} = -x_2(t) - x_3(t) \\[2mm] \dfrac{\mathrm{d}x_2(t)}{\mathrm{d}t} = x_1(t) + ax_2(t) \\[2mm] \dfrac{\mathrm{d}x_3(t)}{\mathrm{d}t} = b + [x_1(t) - c]x_3(t) \end{cases} \qquad (1-9)$$

其中，a，b，c 为系统参数。

1）混沌运动的时间历程图

式(1-8)定义了一条解轨线，称解 $\boldsymbol{X}$ 随时间变化的曲线为系统运动的时间历程图。由于混沌运动具有局部不稳定而整体稳定的特征，取任意初始值都能得到几乎完全相同的长时间定常运动状态的行为[16]。图 1-1 为 Rössler 系统在 $a=0.2$，$b=0.2$，$c=5.7$ 时的时间历程图。

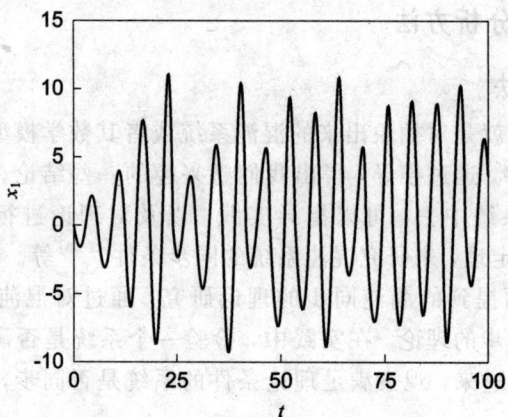

图 1-1　时间历程图

2）混沌运动的相图

对于式(1-7)所述系统，称系统的解轨线在相空间的运动轨迹为相图[16]。图 1-2 是 Rössler 系统在 $a=0.2$，$b=0.2$，$c=5.7$ 时的时间历程图。

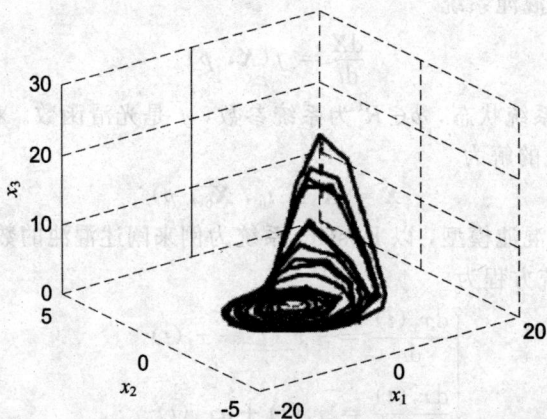

图 1-2　三维相图

3) 混沌的功率谱

混沌运动是非周期运动,其功率谱不同于周期运动或准周期运动的离散谱线[7]。但是,由于混沌运动极其复杂,如在倍周期分叉过程中每分叉一次,功率谱中就出现一批对应新的分频及倍频的峰,所以混沌的功率谱不是平坦的,这与具有连续平坦功率谱的白噪声不同[24]。功率谱分析也是观测分叉与混沌的重要方法[1, 24]。

功率谱有两种计算方法:第一种为取样本函数 $x(t)$ 傅里叶变换平方的时间均值,即

$$S(j\omega) = \lim_{T \to \infty} \frac{1}{T} \left| \int_0^T x(t) e^{-j\omega t} \, dt \right|^2 \qquad (1-10)$$

另一种方法是利用时间相关函数的傅里叶变换,即

$$S(j\omega) = \int_{-\infty}^{\infty} R_x(\tau) e^{-j\omega t} \, d\tau \qquad (1-11)$$

其中,$R_x(\tau)$ 为函数 $x(t)$ 的自相关函数,且

$$R_x(\tau) = E\{(x(t)x(t+\tau)\} = \lim_{T \to \infty} \frac{1}{T} \int_0^T x(t)x(t+\tau)dt \qquad (1-12)$$

图 1-3 给出了 Rössler 系统在混沌状态下的功率谱。

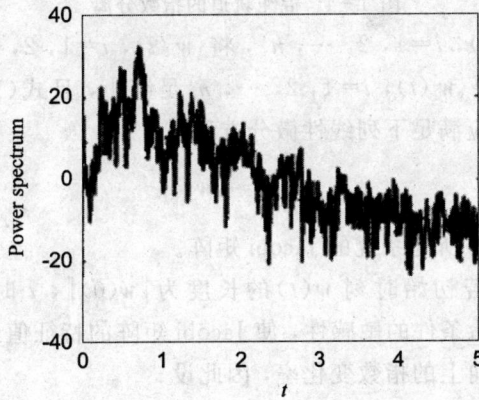

图 1-3 功率谱

4) Lyapnnov 指数

Lyapunov(李雅普诺夫)指数是定量地描述相空间中相邻轨道随着时间变化按指数规律吸引或分离程度的物理量[1, 16]。若 Lyapunov 指数小于零,表示相体积收缩,运动稳定,且对初始值不敏感;若 Lyapunov 指数等于零,则对应临界状态,即稳定的边界;若 Lyapunov 指数大于零,则表示相邻轨道分散,其长时间行为对初始值非常敏感,运动呈现混沌状态。Lyapunov 指数在混沌研

究中具有重要的作用，Lyapunov 指数是判断系统是否为混沌的重要指标之一[16]。

下面给出 n 维系统的 Lyapunov 指数的具体定义：

定义 1.5[16, 33]　设自治系统

$$\frac{\mathrm{d}\mathbf{X}}{\mathrm{d}t} = f(\mathbf{X}) \tag{1-13}$$

其中，$\mathbf{X} \in \mathbf{R}^n$ 构成一个 n 维相空间，$f: \mathbf{R}^n \to \mathbf{R}^n$。式(1-13)的解从初始值 $\mathbf{X}(0)$ 出发在相空间形成一个轨道 $\mathbf{X}(t)$，若 $\mathbf{X}(0)$ 有偏差 $\mathbf{w}(0)$，则由 $\mathbf{X}(0) + \mathbf{w}(0)$ 出发形成另一轨道 $\mathbf{X}(t) + \mathbf{w}(t)$，如图 1-4 所示。

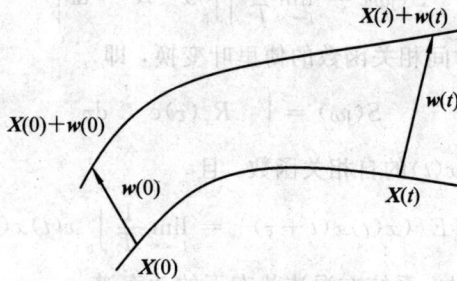

图 1-4　混沌轨道的指数分离

设 $\mathbf{w}(t) = \{w_i(t), i = 1, 2, \cdots, n\}$，将 $\{w_i(t), i = 1, 2, \cdots, n\}$ 所构成的空间称为切空间。只要 $\{w_i(t), i = 1, 2, \cdots, n\}$ 足够小，且式(1-13)所述系统是耗散系统，则 $\mathbf{w}(t)$ 应满足下列线性微分方程：

$$\frac{\mathrm{d}\mathbf{w}}{\mathrm{d}t} = \mathbf{J}\mathbf{w} \tag{1-14}$$

其中，$\mathbf{J}$ 是式(1-13)所述系统的 Jacobi 矩阵。

在切空间上，若初始时刻 $\mathbf{w}(t)$ 的长度为 $\|\mathbf{w}(0)\|$，t 时刻以后的长度为 $\|\mathbf{w}(t)\|$，由于对初始条件的敏感性，使 Jacobi 矩阵的特征值给出了某确定时刻其长度在该特征方向上的指数变化率，因此设

$$\|\mathbf{w}(t)\| = \mathrm{e}^{\mathrm{LE}t} \|\mathbf{w}(0)\| \tag{1-15}$$

则 n 维系统的 Lyapunov 指数为

$$\mathrm{LE} = \lim_{t \to \infty} \frac{1}{t} \ln \frac{\|\mathbf{w}(t)\|}{\|\mathbf{w}(0)\|} \tag{1-16}$$

在 n 维切空间中，$\mathbf{w}(t)$ 在每个基底上有分量。由于 Lyapunov 指数是针对系统的运动轨道而言的，所以切空间的每一个分量都有一个 Lyapunov 指数。按式(1-16)求出 n 个 Lyapunov 指数，并将它们按大小顺序排列起来，即

$$\mathrm{LE}_1 \geqslant \mathrm{LE}_2 \geqslant \cdots \geqslant \mathrm{LE}_n \tag{1-17}$$

称由这些数组成的集合为 Lyapunov 指数谱，其中 LE₁ 称为最大 Lyapunov 指数[16, 20, 33]。目前，已经提出的求解 Lyapunov 指数的方法主要有 Wolf 方法、Jacobi 方法、P 范数法和小数据量法[16]。当 Rössler 系统的参数为 $a=0.2$，$b=0.2$，$c=5.7$ 时，其 Lyapunov 指数分别为 0.0554，0.0037 和 −5.4503。

1.4　混沌的相空间表征方法

相空间表征方法，是本书研究混沌自相关的主要方法，因此，我们把相空间法进行比较详细的介绍。

1.4.1　相空间重构

相空间重构是很成熟的研究混沌结构性的方法之一，是根据有限的数据来重构吸引子以研究系统动力行为的方法，其基本思想是：系统中任一分量的演化都是由与之相互作用的其他分量所决定的，相关分量的信息隐含在任一分量的发展过程中，即用系统的一个观察量可以重构出原动力系统模型。

设有一时间序列 $\{x_i\}$（$i=1, 2, \cdots, N_0$），对其重构的相空间 $\mathbf{R}^m$ 的元素为

$$\mathbf{X}_j(m, N_0, \tau) = (x_j, x_{j+\tau}, \cdots, x_{j+(m-1)\tau})$$

$$\{\mathbf{X}_j, \mathbf{R}^m, j=1, 2, \cdots, p\} \quad (1-18)$$

式中：m 为重构相空间的维数；τ 为延迟时间间隔数，且为正整数；$p=N_0-(m-1)\tau$ 为时间序列嵌入相空间的向量个数，N_0 为时间序列的数据点数。

由 Takens 定理知，在没有噪声的无限长精确数据情况下，可以任意选择 τ，但被测的时间序列是有限长的，且一般都有噪声污染，因此在重构相空间过程中 τ 的选取起着重要的作用。一般只能根据经验来选择 τ，其基本思想是使 x_j 和 $x_{j+\tau}$ 具有某种程度的独立但又不完全无关，以便它们能够在重构相空间中作为独立的坐标处理。在实际应用中，有线性自相关函数法和平均互信息法。综合考虑冗余或不相关之间的折中，在 L_2 范数下定义平均位移 $S_2(m, \tau)$ 为：

$$S_2(m, \tau) = \frac{1}{p} \sum_{j=1}^{p} \sqrt{\sum_{i=1}^{m-1} (x_{j+l} - x_j)^2} \quad (1-19)$$

在 L_∞ 范数下定义平均位移 $S_\infty(m, \tau)$ 为：

$$S_\infty(m, \tau) = \frac{1}{p} \sum_{j=1}^{p} \max_{1 \leqslant l \leqslant m-1} |x_{j+l} - x_j| \quad (1-20)$$

在不特别指出时，式（1−19）中 $S_2(m, \tau)$ 和式（1−20）中 $S_\infty(m, \tau)$ 记为 $S(m, \tau)$。平均位移 $S(m, \tau)$ 表示重构状态空间的轨线从状态空间主对角线打开的程度，定量地刻画了当 τ 增加时冗余误差的减少。当 τ 增加时，$S(m, \tau)$ 相

应地增加，对较大的 m，在某个 τ 处 $S(m,\tau)$ 不再增加。建议取 $S(m,\tau)-\tau$ 曲线的斜率减少到小于初值 40% 时的 τ 为最佳延迟时间间隔。

1.4.2 最小嵌入维数的确定

根据上述重构相空间理论可知，选取合适的时间延迟 τ 和嵌入维数 m 是进行相空间重构以及分析系统混沌特征的关键，下面给出几种确定最小嵌入相空间维数的方法。

1. 最大特征值不变法

向量集 $\{X_j | j=1,2,3,\cdots,p\}$ 包括了原时间序列中的全部元素，故根据嵌入理论可知，向量集 $\{X_j\}$ 构成的相空间状态轨道保留了原空间状态轨道的一些主要特征。由向量集 $\{X_j\}$ 构造如下轨道矩阵

$$X = \frac{1}{\sqrt{p}}\left[X_1^T, X_2^T, X_3^T, \cdots, X_p^T\right]^T \qquad (1-21)$$

对 X 构造协方差矩阵 $S=X^T X$，通过满秩线性变换使其成为标准型，它的特征向量族成为重构的相空间 $\mathbf{R}^m$ 的一组完全正交基。当相空间维数 m 由小到大变化而协方差矩阵的最大特征值不随 m 的变化而变化时，则确定了最小嵌入相空间维数 m。

2. 几何不变量法

关于最小嵌入相空间维数，Takens、Sauer 等人先后从理论上证明了当 $m \geqslant 2d+1$ 时可获得一个吸引子的嵌入，其中 d 是吸引子的分形维数，但这只是一个充分条件，对被测时间序列选择 m 没有帮助。在实际应用中通常的方法是计算吸引子的某些几何不变量（如关联维数、Lyapunov 指数等），逐渐增加 m 直到这些不变量停止变化为止。从理论上讲，由于这些不变量是吸引子的几何性质，当 m 大于最小嵌入维数时，几何结构被完全打开，因此这些不变量就与嵌入维数无关了，于是取吸引子的几何不变量停止变化时的 m 为最小嵌入维数。

3. 伪邻近点法

伪邻近点法是一种从几何观点出发较易实现的方法，其基本思想：当维数从 m 变成 $m+1$ 时，考察轨线 X_i 邻点中的真实邻点和伪邻点，当没有伪邻点时，可以认为几何结构被完全打开。设 $X_{\eta(i)}$ 是 X_i 的最近邻点，它们之间的距离为 $\|X_{\eta(i)}-X_i\|^{(m)}$；当维数增加到 $m+1$ 时，它们之间的距离为 $\|X_{\eta(i)}-X_i\|^{(m+1)}$。若 $\|X_{\eta(i)}-X_i\|^{(m+1)}$ 比 $\|X_{\eta(i)}-X_i\|^{(m)}$ 大很多，可以认为是由于高维吸引子中两个不相邻的点，在投影到低维轨线上时变成相邻两点所造成的，因此这样的邻点

是虚假的，即伪的。若

$$\frac{\left|\ \|\boldsymbol{X}_{\eta(l)} - \boldsymbol{X}_i\|^{(m+1)} - \|\boldsymbol{X}_{\eta(l)} - \boldsymbol{X}_i\|^{(m)}\ \right|}{\|\boldsymbol{X}_{\eta(l)} - \boldsymbol{X}_i\|^{(m)}} > R_{\mathrm{T}} \qquad (1-22)$$

则 $\boldsymbol{X}_{\eta(l)}$ 是 $\boldsymbol{X}_i$ 的虚假最近邻点，阈值 R_{T} 可在 $[10, 50]$ 选取。对无限长精确的数据，用上述标准可获得较好的结果；对有限长具有噪声的数据，补充以下标准：

若

$$\frac{\|\boldsymbol{X}_{\eta(l)} - \boldsymbol{X}_i\|^{(m+1)}}{\sqrt{\dfrac{1}{N}\sum\limits_{i=1}^{N}(x_i - \bar{x})^2}} > 2 \qquad (1-23)$$

其中，$\bar{x} = \dfrac{1}{N}\sum\limits_{i=1}^{N} x_i$，则此时 $\boldsymbol{X}_{\eta(l)}$ 是 $\boldsymbol{X}_i$ 的伪邻近点。

对实测时间序列，m 从 2 开始，取 $R_{\mathrm{T}} = 30$，计算伪邻近点的比例，然后增加 m 到伪邻近点的比例小于 5% 或伪邻近点不再随着 m 的增加而减少时，可以认为完全打开，此时的 m 即为最小嵌入相空间维数。

4. 预测误差最小法

预测误差最小法是从预测误差观点出发而提出的一种确定最小嵌入相空间维数的方法。对于实测时间序列，根据 Takens 嵌入定理，当 τ 是最佳延迟时间间隔数，m 是最小嵌入相空间维数时，存在映射 $F: \mathbf{R}^m \to \mathbf{R}^m$ 或 $F_1: \mathbf{R}^m \to \mathbf{R}$，使

$$\boldsymbol{X}_{i+1} = F(\boldsymbol{X}_i) \quad \text{或} \quad x_{i+1+(m-1)\tau} = F_1(\boldsymbol{X}_m) \qquad (1-24)$$

利用映射 F 或 F_1 的连续性，则当 $\boldsymbol{X}_i$ 和 $\boldsymbol{X}_j$ 靠近时，$x_{i+1+(m-1)\tau}$ 和 $x_{j+1+(m-1)\tau}$ 也应靠近，记 $\boldsymbol{X}_{\eta(l)}$ 是 $\boldsymbol{X}_i$ 的最近邻点，即

$$\|\boldsymbol{X}_{\eta(l)} - \boldsymbol{X}_i\| = \min_{j=1,2,\cdots,p,\ j\neq i} \|\boldsymbol{X}_j - \boldsymbol{X}_i\| \qquad (1-25)$$

计算平均一步预测误差，得

$$E(m, \tau) = \frac{1}{p-1}\sum_{i=1}^{p-1} \left| x_{i+1+(m-1)\tau} - x_{\eta(l)+1+(m-1)\tau} \right| \qquad (1-26)$$

当 m 小于嵌入维数时，预测误差 $E(m, \tau)$ 较大；当 m 达到最小嵌入维数时，映射 F 或 F_1 存在，$E(m, \tau)$ 减小；当 m 继续增加时，由于正的 Lyapunov 指数及噪声，$E(m, \tau)$ 会随之增加。因此，当 $E(m, \tau)$ 最小时的 m 即为最小嵌入相空间维数。

5. 经验赋值法

最小嵌入维数还可通过经验予以赋值。经验表明，当重构相空间维数 m 取 3～10 中某一值时，对于一般工程问题是一种基本接近合理的选择，通常对于复杂系统取上限。

1.4.3 正确重构相空间

可见，要正确地用相空间重构混沌系统，较清楚地展现混沌吸引子的形状特征，需要慎重地选取延迟 τ 和维数 m 的大小。Hopfield 序列是高维混沌序列，表面上看类似噪声，如图 1-5(a) 所示。用 2 维的相图不能确切展现其吸引子结构，如图 1-5(b) 所示。要 3 维或以上的相图才能展示其多个发散方向，如图 1-5(c) 所示。

选取合适的延迟 τ 和维数 m，给相空间重构的应用带来一定的复杂性和困难。

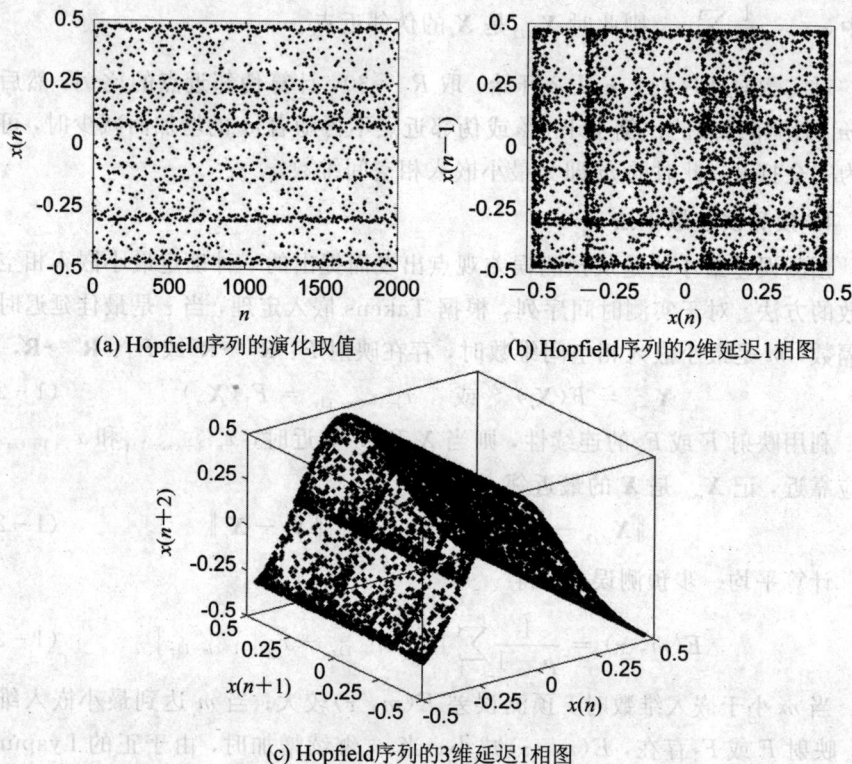

(a) Hopfield序列的演化取值

(b) Hopfield序列的2维延迟1相图

(c) Hopfield序列的3维延迟1相图

图 1-5 Hopfield 序列的演化、2 维以及 3 维延迟 1 相图

1.4.4 本书研究自相关所需的相空间重构参数

对于本书研究混沌序列的自相关特性而言，则不需要那么复杂地确定延迟和维数，只需要取简单固定的参数：延迟 $\tau=1$，维数 $m=2$ 就可以了，相关的理

论依据请参见文献[4，5]。这样简单和确定的重构参数，具有简单性、比较强的可操作性和实用性。

一个时间序列$\{x_i\}(i=1，2，\cdots，N_0)$，采用本文的重构参数：延迟 $\tau=1$，维数 $m=2$，对其重构的相空间 $\mathbf{R}^2$ 的元素为

$$\mathbf{X}_j(m，N_0，\tau)=\mathbf{X}_j(2，N_0，1)=(x_j，x_{j+1})$$

$$\{\mathbf{X}_j，\mathbf{R}^2，j=1，2，\cdots，(N_0-1)\} \quad (1-27)$$

式中：$m=2$ 为重构相空间的维数；$\tau=1$ 为延迟时间间隔数；N_0 为时间序列的数据点数。

我们得到 2 维相空间的一个重构，2 维相空间也称为相平面。

经典的 Tent、Bernoulli 低维混沌序列，其演化、2 维延迟 1 相图分别如图 1-6、1-7 所示。它们的 2 维延迟 1 相图展现出清晰的吸引子结构，这也是它们同噪声的重要区别，我们将在后面章节讨论其吸引子结构同自相关函数的联系。

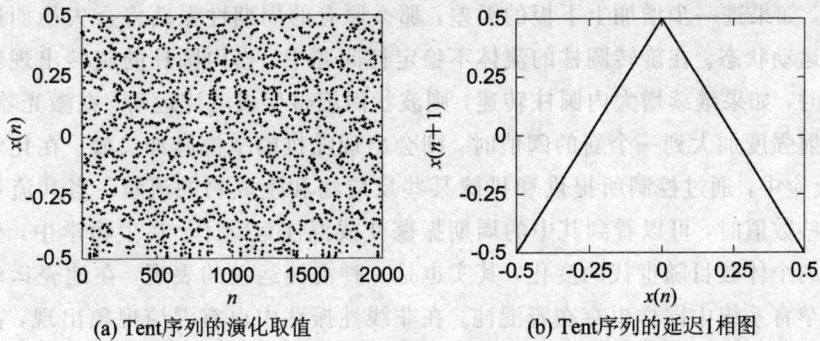

(a) Tent序列的演化取值   (b) Tent序列的延迟1相图

图 1-6　Tent 序列的演化、2 维延迟 1 相图

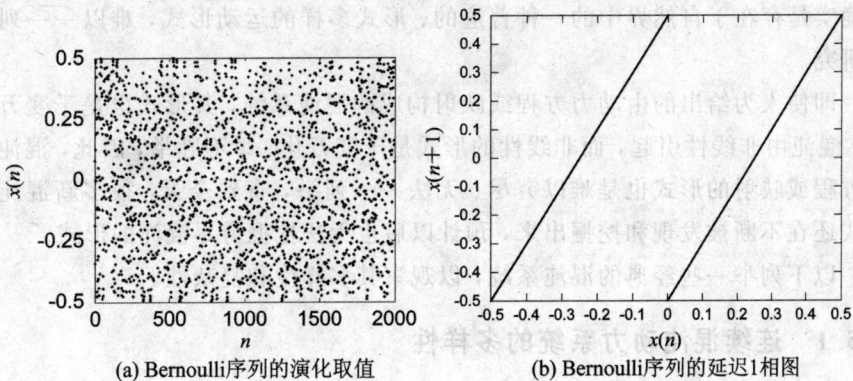

(a) Bernoulli序列的演化取值   (b) Bernoulli序列的延迟1相图

图 1-7　Bernoulli 序列的演化、2 维延迟 1 相图

1.5 混沌系统的多样性和复杂性

混沌具有多样性，以各种形式广泛存在于自然界及人类社会的各个领域。

人们对不同领域中各种各样的非线性问题进行了研究，发现许多问题中都存在着混沌运动。几乎可以说，自然界中存在的绝大部分运动都是混沌运动。如银河系的星体在光滑而稳定的引力场中所作的高速运动以及在旋涡系引力场小的天体都具有混沌轨道。像太阳系这样的系统的稳定性问题，当运动时间足够长时，由于耗散效应不可忽略，也会出现混沌运动。人们知道，在二体问题中，每一个天体(如地球和月球)围绕系统的重心在椭圆形的轨道上运行，然而当增加一个重力更大的物体后，便使得三体运动中出现混沌运动。有人甚至认为天体力学不再是确定论的科学。回顾流体力学实验中的例子，在贝纳对流问题中，如果进一步增加上下板的温差，那么原有的周期性振荡将会失稳而进入混沌运动状态。在旋转圆柱的流体不稳定性问题中，当内圆柱的旋转出现泰勒涡旋时，如果继续增大内圆柱转速，则波状涡旋将变成混沌运动。在激光器中，当照射强度加大到一个新的阈值时，则会出现随机的单模脉冲尖峰。在化学的BZ反应中，通过控制所提供和排除某些反应物和生成物的流量，当其流量达到某些数值时，可以看到其中的周期振荡变成混沌运动了。在生物学中，生物群体的个体数目随世代的变化，其实也是一种混沌运动的表现。在地壳运动和地震孕育系统中同样也存在着混沌。在非线性振荡中也有混沌现象出现，甚至心律失常的无规则颤动也可看做混沌。另外，在人类社会中，社会的发展、人口的增长、经济的发展甚至股票的波动都存在着混沌现象。上述例子表明，混沌确实是存在于自然界中的一种普遍的、形式多样的运动形式，难以一一列举和研究。

即使人为给出的由动力方程或映射构成的混沌系统，其形式也是千变万化的。混沌由非线性引起，而非线性的形式是千变万化、举不胜举，因此，混沌动力方程或映射的形式也是难以穷尽、无法一一列举，直到今天，很多新混沌的形式还在不断被发现和挖掘出来，预计以后也无法挖掘穷尽混沌的形式。

以下列举一些经典的混沌系统，以观察其多样性和复杂性。

1.5.1 连续混沌动力系统的多样性

1. Lorenz 连续混沌系统

动力方程如下：

$$\begin{cases} \dfrac{\mathrm{d}x(t)}{\mathrm{d}t} = \sigma[y(t) - x(t)] \\[2mm] \dfrac{\mathrm{d}y(t)}{\mathrm{d}t} = -x(t)z(t) + \rho x(t) - y(t) \\[2mm] \dfrac{\mathrm{d}z(t)}{\mathrm{d}t} = x(t)y(t) - \beta z(t) \end{cases} \qquad (1-28)$$

式中：σ，ρ，β 为 Lorenz 系统的参数；$x(t)$，$y(t)$，$z(t)$ 为系统状态变量。

2. 蔡氏混沌电路系统

蔡氏混沌电路又称 Chua 电路，是首个混沌电路系统。

Chua 电路[34]的具体电路结构见图 1-8，它的动力方程为

$$\begin{cases} \dfrac{\mathrm{d}v_1(t)}{\mathrm{d}t} = \dfrac{1}{C_1}[G(v_2(t) - v_1(t)) - f(v_1(t))] \\[2mm] \dfrac{\mathrm{d}v_2(t)}{\mathrm{d}t} = \dfrac{1}{C_2}[G(v_1(t) - v_2(t)) + i_3(t)] \\[2mm] \dfrac{\mathrm{d}i_3(t)}{\mathrm{d}t} = \dfrac{1}{L}[-v_2(t) - R_0 i_3(t)] \end{cases} \qquad (1-29)$$

式中：v_1 为电容 C_1 两端的电压；v_2 为电容 C_2 两端的电压；i_3 为流过电感 L 的电流；$G=1/R$。二极管的分段线性 $v-i$ 特性函数 $f(v_1)$ 为式(1-30)，如图 1-9 所示。

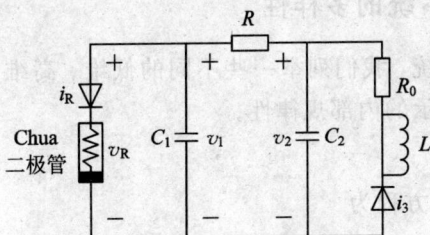

图 1-8 Chua 电路的结构

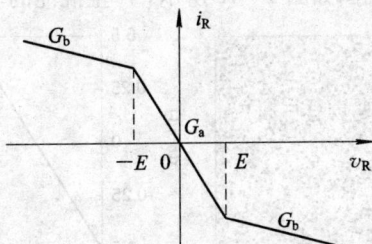

图 1-9 Chua 电路二极管的 $v-i$ 特性

$$f(v_1(t)) = G_b v_1(t) + \frac{1}{2}(G_a - G_b)(\mid v_1(t) + E \mid - \mid v_1(t) - E \mid)$$

$$(1-30)$$

3. Rössler 连续混沌系统

动力方程如下：

$$\begin{cases} \dfrac{\mathrm{d}x_1(t)}{\mathrm{d}t} = -x_2(t) - x_3(t) \\[2mm] \dfrac{\mathrm{d}x_2(t)}{\mathrm{d}t} = x_1(t) + ax_2(t) \\[2mm] \dfrac{\mathrm{d}x_3(t)}{\mathrm{d}t} = b + [x_1(t) - c]x_3(t) \end{cases} \qquad (1-31)$$

式中：a,b,c 为系统的参数；$x_1(t)$，$x_2(t)$，$x_3(t)$ 为系统状态变量。

可见，Lorenz 和 Rössler 在系统中引入的非线性项都是变量相乘，但相乘的次数和位置不同，就可以产生出不同的混沌序列。Chua 电路引入的非线性项是一个分段线性函数 $f(v_1(t))$，分段线性也是非线性的。从上述经典的连续混沌系统可知，系统中只要存在非线性项，就有可能出现混沌，而非线性的形式、参量是无法穷尽的，因此，产生的混沌也是形式多样、无法穷尽的。

1.5.2 离散混沌系统的多样性

对于离散混沌系统，我们列举一些不同的低维、高维以及空时混沌，以观察其多样性和相图展示的内部规律性。

1. Tent 序列

Tent 映射的动力方程为

$$x(n+1) = a - b \mid x(n) \mid \qquad (1-32)$$

式中：a,b 为正实数，且 $a>0$，$0<b<2$。

Tent 序列的演化和相图如图 1-10 所示，产生混沌的非线性因素是取绝对值。

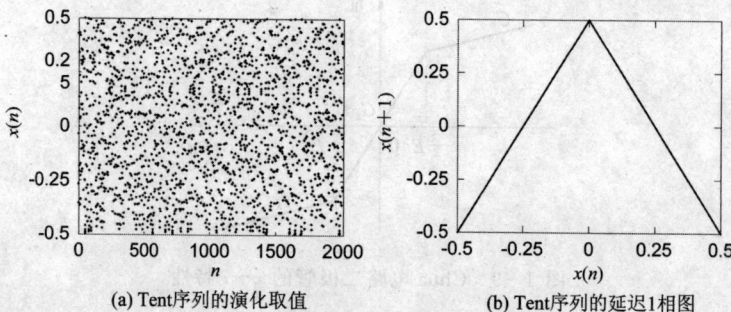

(a) Tent序列的演化取值　　　　　(b) Tent序列的延迟1相图

图 1-10　Tent 序列的演化和相图

2. Bernoulli 序列

Bernoulli 映射的结构为

$$\begin{cases} x(n+1) = bx(n) + a, & x(n) < 0 \\ x(n+1) = bx(n) - a, & x(n) > 0 \end{cases} \tag{1-33}$$

式中：$a \in \mathbf{Z}$，$a > 0$；$b \in \mathbf{Z}$，$b > 0$。

Bernoulli 序列的演化和相图如图 1-11 所示，产生混沌的非线性因素是分段线性。

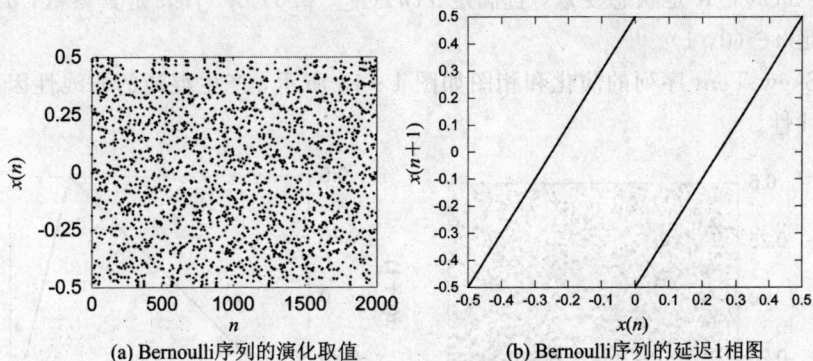

(a) Bernoulli序列的演化取值   (b) Bernoulli序列的延迟1相图

图 1-11　Bernoulli 序列的演化和相图

3. Logistic 序列

Logistic 映射的结构为

$$x(n+1) = b[a^2 - x^2(n)] - a \tag{1-34}$$

不失一般性，取其参数为：$a = 1/2$，$b = (4-0.01)$。

Logistic 序列的演化和相图如图 1-12 所示，产生混沌的非线性因素是平方运算。

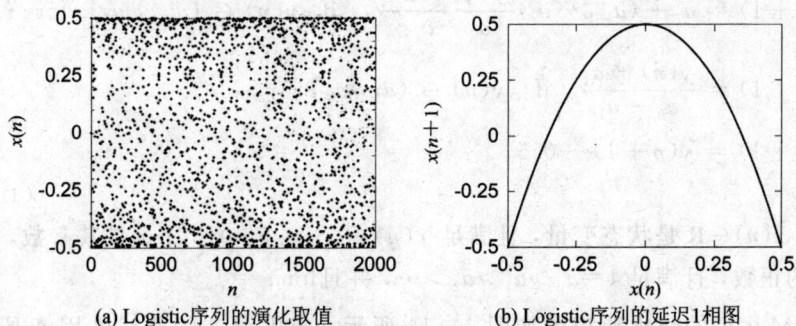

(a) Logistic序列的演化取值   (b) Logistic序列的延迟1相图

图 1-12　Logistic 序列的演化和相图

4. Skew Tent 序列

近来学术界研究比较多的 Skew Tent 序列[20]，其动力方程为

$$\begin{cases} y(n+1) = \dfrac{y(n)}{a}, & \text{if } x(n) \in (0, a] \\ y(n+1) = \dfrac{y(n)-1}{a-1}, & \text{if } x(n) \in (a, 1] \\ x(n+1) = y(n+1) - 0.5 \end{cases} \tag{1-35}$$

其中：$x(n) \in \mathbf{R}$ 是状态变量，且满足 $x(n) \in [-0.5, 0.5]$；a 是其参数，$a > 0$，且满足 $a \in (0, 1)$。

Skew Tent 序列的演化和相图如图 1-13 所示，产生混沌的非线性因素是分段线性。

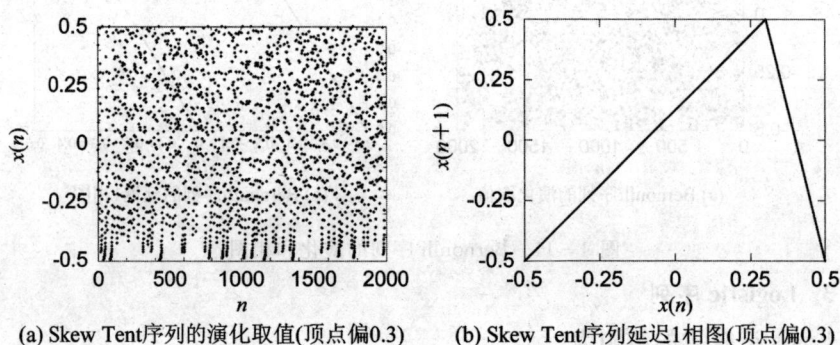

(a) Skew Tent序列的演化取值(顶点偏0.3)　　　　(b) Skew Tent序列延迟1相图(顶点偏0.3)

图 1-13　Skew Tent 映射的演化和相图

5. Piecewise - affine Markov(PM)序列

PM 混沌映射的动力方程为

$$\begin{cases} y(n+1) = a_i + (a_{i-1} - a_i) \dfrac{y(n) - a_{i+1}}{a_i - a_{i+1}}, & \text{if } y(n) \in (a_{i+1}, a_i] \text{ for } i \geqslant 1 \\ y(n+1) = \dfrac{y(n) - a_1}{a_0 - a_1} & \text{if } y(n) \in (a_1, a_0] \\ x(n+1) = y(n+1) - 0.5 \end{cases}$$

$$\tag{1-36}$$

其中：$x(n) \in \mathbf{R}$ 是状态变量，且满足 $x(n) \in [-0.5, 0.5]$；a_i 是其参数，是小于 1 的正数，且满足 $1 = a_0 > a_1 > a_2 > \cdots$，并且 $\lim\limits_{i \to \infty} a_i = 0$。

PM 序列的演化和相图如图 1-14 所示，产生混沌的非线性因素是分段线性。

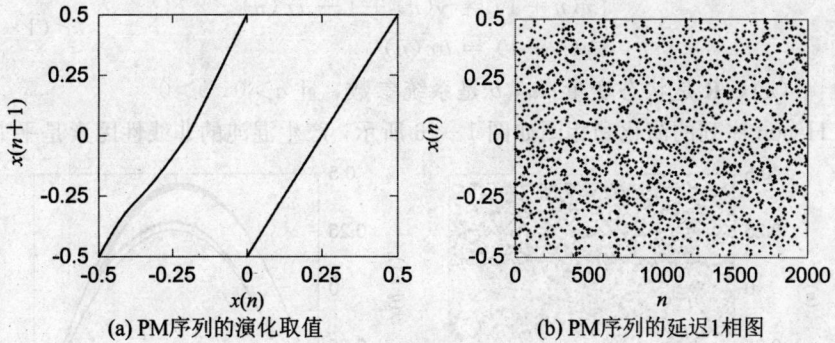

(a) PM序列的演化取值　　　　(b) PM序列的延迟1相图

图 1-14　PM 序列的演化和相图

6. TD-ERCS 序列

TD-ERCS 映射的动力方程为

$$
\begin{cases}
x(n) = -\dfrac{2k(n-1)y(n-1) + x(n-1)\left[u^2 - k(n-1)^2\right]}{u^2 + k(n-1)^2} \\[3mm]
k(n) = \dfrac{2kc(n) - k(n-1) + k(n-1)kc(n)^2}{1 + 2k(n-1)kc(n) - kc(n)^2} \\[3mm]
kc(n) = -\dfrac{x(n-m)}{y(n-m)}u^2 \\[3mm]
y(n) = k(n-1)\left[x(n) - x(n-1)\right] + y(n-1)
\end{cases}
\tag{1-37}
$$

其中：$x(n) \in \mathbf{R}$ 是状态变量；u, m 是系统参数。

TD-ERCS 序列的演化和相图如图 1-15 所示，产生混沌的非线性因素是相乘和平方。

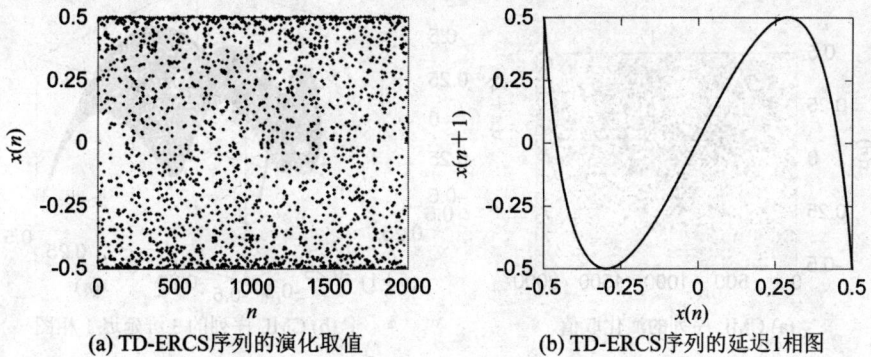

(a) TD-ERCS序列的演化取值　　　　(b) TD-ERCS序列的延迟1相图

图 1-15　TD-ERCS 序列的演化和相图

7. Henon 序列

Henon 映射的动力方程为

$$\begin{cases} x(n+1) = y(n) + 1 - ax(n)^2 \\ y(n+1) = bx(n) \end{cases} \qquad (1-38)$$

其中：$x(n) \in \mathbf{R}$ 是状态变量；a，b 是系统参数，且 $a > 0$，$b > 0$

Henon 序列的演化和相图如图 1-16 所示，产生混沌的非线性因素是平方。

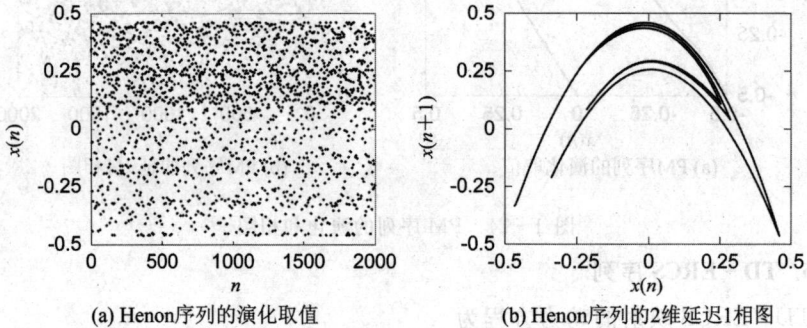

(a) Henon序列的演化取值   (b) Henon序列的2维延迟1相图

图 1-16 Henon 序列的演化和相图

8. CML 高维混沌序列

CML 映射的动力方程为

$$\begin{cases} x(n+1) = 1 - a[x^2(n) + y^2(n)] \\ y(n+1) = -2a(1-2b)x(n)y(n) \end{cases} \qquad (1-39)$$

其中：$x(n) \in \mathbf{R}$ 是状态变量；a，b 是系统参数，且 $a > 0$，$b > 0$。

CML 序列的演化和相图如图 1-17 所示，产生混沌的非线性因素是相乘和平方。

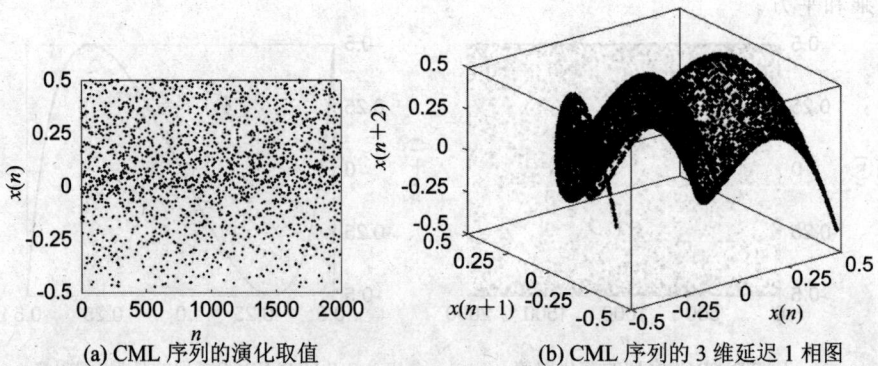

(a) CML 序列的演化取值   (b) CML 序列的 3 维延迟 1 相图

图 1-17 CML 序列的演化和相图

9. Hopfield 高维混沌序列

Hopfield 映射的动力方程为

$$\begin{cases} x(n+1) = 10 \tanh[ay(n)]\exp[-y(n)] \\ y(n+1) = 10 \tanh[x(n)]\exp[-bx(n)] \end{cases} \quad (1-40)$$

其中：$x(n) \in \mathbf{R}$ 是状态变量；a, b 是系统参数，均为正数。

Hopfield 序列的演化和相图如图 1-18 所示，产生混沌的非线性因素是指数函数和反三角函数。

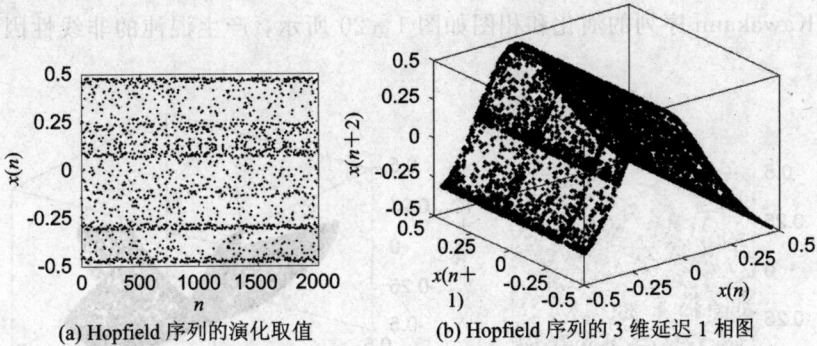

(a) Hopfield 序列的演化取值   (b) Hopfield 序列的 3 维延迟 1 相图

图 1-18   Hopfield 序列的演化和相图

10. Hyper henon 高维混沌序列

Hyper henon 映射的动力方程为

$$\begin{cases} x(n+1) = a - y(n)^2 - bz(n) \\ y(n+1) = x(n) \\ z(n+1) = y(n) \end{cases} \quad (1-41)$$

其中：$x(n) \in \mathbf{R}$ 是状态变量；a, b 是系统参数，均为正数。

Hyper henon 序列的演化和相图如图 1-19 所示，产生混沌的非线性因素是平方。

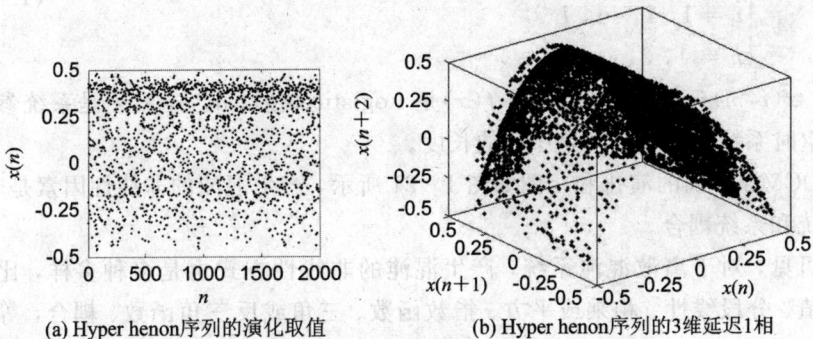

(a) Hyper henon序列的演化取值   (b) Hyper henon序列的3维延迟1相

图 1-19   Hyper henon 序列的演化和相图

11. Kawakami 高维混沌序列

Kawakami 映射的动力方程为

$$\begin{cases} x(n+1) = -ax(n) + y(n) \\ y(n+1) = x(n)^2 - b \end{cases} \tag{1-42}$$

其中：$x(n) \in \mathbf{R}$ 是状态变量；a，b 是系统参数，是正数。

Kawakami 序列的演化和相图如图 1-20 所示，产生混沌的非线性因素是平方。

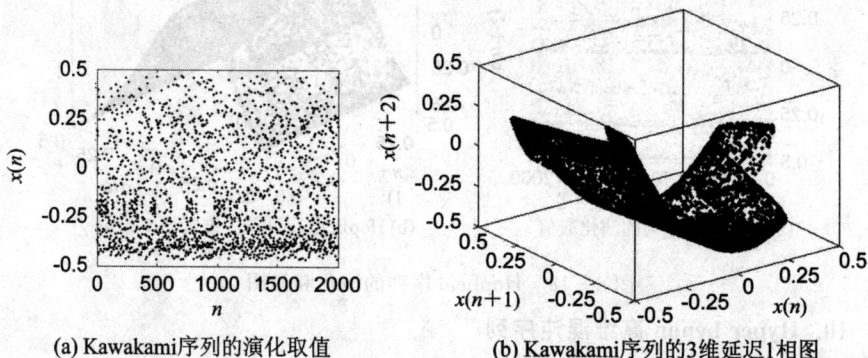

(a) Kawakami 序列的演化取值　　　　(b) Kawakami 序列的 3 维延迟 1 相图

图 1-20　Kawakami 序列的演化和相图

12. OCML 空时混沌序列

空时混沌系统，其演化在空间和时间上都有耦合，行为表现出很大的复杂性，得到了广泛的应用。基于 Logistic 映射的 OCML 映射的动力方程为

$$\begin{cases} x[i, (n+1)] = (1-\xi)f[x(i, n)] + \xi f\{x[(i-1), n]\} \\ f[x(i, n)] = b[a^2 - x(i, n)^2] - a \\ i = 1, 2, \cdots, L \\ n = 1, 2, \cdots, N \end{cases} \tag{1-43}$$

其中：$x(i, n) \in \mathbf{R}$ 是状态变量；$f(x)$ 是 Logistic 映射；a，b，ξ，k 是系统参数；L 是空时系统的尺度；N 是序列的长度。

OCML 序列的演化和相图如图 1-21 所示，产生混沌的非线性因素是非线性系统和系统耦合。

可见，对于离散混沌系统，产生混沌的非线性方式也是多种多样，比如：绝对值、分段线性、相乘或平方、指数函数、三角或反三角函数、耦合，等等，都可以产生混沌。即使同一方法，采用不同形式、不同参数，也可以产生不同的混沌。因此，人为给出的离散混沌系统的形式也是多样以至无穷的。

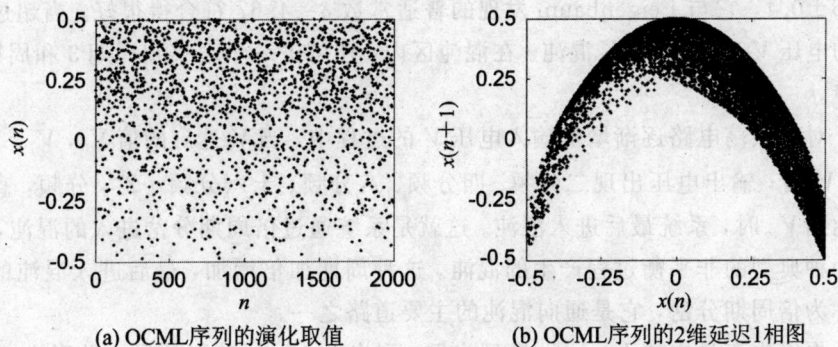

(a) OCML序列的演化取值   (b) OCML序列的2维延迟1相图

图 1-21   OCML 序列的演化和相图

1.5.3   通往混沌的道路是多样的

一个动力系统或映射的形式确定后，演化不一定就是混沌的，要得到混沌需要一定的条件。非混沌态转变到混沌态的道路或方式，是多种多样的[35]。

1. 倍周期分岔进入混沌道路

系统运动变化的周期行为是一种有序状态。在一定的条件下，系统经倍周期分岔，就会逐步丧失周期行为而进入混沌[35]。

以林塞(Linsay P S)电路[36]为例。林塞电路是一个 RLC 振荡电路，用信号发生器输入频率信号，外接缓冲放大电路和频谱仪观察振荡电路的输出电压。振荡电路的电容是变容二极管，其两端电压决定电容的容值，即

$$C(V_C) = \frac{c_0}{(1 + aV_C)^r} \tag{1-44}$$

式中：c_0，a，r 是常数。

电路状态方程如下：

$$\begin{cases} L\dfrac{\mathrm{d}I}{\mathrm{d}t} + V_C + RI = V\sin(2\pi f_0 t) \\[2mm] I = \dfrac{\mathrm{d}}{\mathrm{d}t}V_C C(V_C) \end{cases} \tag{1-45}$$

用频谱仪测量谐振回路两端电压，当外加信号发生器输出电压较低时，电路如同线性电路，故 RLC 回路的响应是线性的，系统有一个确定的共振频率 f_0。把信号发生器的信号频率调到这个频率上，并以信号电压 V 为控制参数，在增加 V 值的过程中，实验发现：首先出现第一个次谐波(倍频)，当 V 达到某个阈值 V_0 时，突然出现分频 $f_0/2$，随后在 $2^{n+1}V_0$ 处相继出现 $f_0/2^{n+1}$ 分频 ($n=1, 2, \cdots$)。所测量到的收敛速率(即相邻阈值电压差之比 $\dfrac{V_n - V_{n-1}}{V_{n+1} - V_n}$ 为

4.26±0.1，它与 Feigenbaum 发现的普适常数 $\delta = 4.67$ 符合得很好。当超过一定的电压 V_∞ 后便出现了混沌。在混沌区内，还可进一步观察到周期 3 和周期 5 窗口。

对此振荡电路逐渐增加输入电压 V 的过程中，当 V 达到阈值 V_0，V_1，V_2，…，V_n 时，输出电压出现二分频、四分频、八分频、十六分频…2^{n+1} 分频，直至 V 达到 V_∞ 时，系统最后进入混沌。这就是系统通过倍周期分岔进入的混沌，它是一种典型的非平衡过程产生的混沌。这种周期加倍增加，最后进入混沌的过程称为倍周期分岔，它是通向混沌的主要道路之一。

再以生态学中的 Logistic 模型为例。列出 Logistic 映射的另一种形式

$$x_{n+1} = \mu x_n(1 - x_n) \qquad (1-46)$$

当 $0 < \mu < 1$ 时，在线段 $[0, 1]$ 内任选一个初值 x_0，迭代过程使系统迅速稳定在不动点 $O(x_n = 0)$ 上面不再发生变化。当 $0 < \mu < 3 = \mu_1$ 时，从初值 x_0 出发的迭代过程总是离开不稳定的不动点 O 而趋近稳定的不动点 A，即系统仍将有一个稳定的迭代结果。当 $3 < \mu < (1+\sqrt{6}) = \mu_2$ 时，O 点仍是不稳定的，而 A 点由稳定变为不稳定，于是系统有了两个稳定的迭代结果 x_1 和 x_2，这是周期 2 解，$\mu_1 = 3$ 是系统变化的第一个分岔点。当 $3.449 < \mu < 3.545 = \mu_3$ 时，周期 2 的两个值又不稳定，此时 x_n 在 4 个稳定值 x_1，x_2，x_3，x_4 上跳动，这是周期 4 解，$\mu_2 = 3.545$ 是系统变化的第二个分岔点。依此类推，系统经过一系列分岔点 μ_1，μ_2，μ_3，…，直到 $\mu_\infty = 3.569945672$，最后丧失周期行为，系统进入混沌。由此可见，混沌否定有序的过程，是系统经过一系列分岔点最后完成的。

当 μ 超过一定值后，系统就会进入混沌区。系统经过倍周期分岔进入混沌时，其数量关系会呈现某种规律性，这就是费根包姆普适常数 δ 和 a。而这两个常数又是一切倍周期分岔所共有的，它反映了倍周期分岔通向混沌的规律性。

2. 阵发混沌道路

阵发混沌是非平衡非线性系统进入混沌的又一条道路[35]。这里的阵发原指湍流理论中用来描述流场中在层流背景上湍流随机爆发的现象，表现为层流、湍流相交而使相应的空间域随机地交替。在混沌理论中主要是借助于阵发性概念来表示时间域中系统不规则行为和规则行为的随机交替现象。具体来说，阵发混沌是指系统从有序向混沌转化时，在非平衡非线性条件下，当某些参数的变化达到某一临界阈值时，系统的时间行为忽而周期（有序）、忽而混沌，在两者之间无规则地交替振荡，周期部分的比例逐渐减少。有关参数继续变化时，整个系统会由阵发性混沌发展成为完全的混沌状态。仍以 Logistic 映射为例来说明阵发混沌是怎样发生的。

Logistic 映射当参数 μ 逐渐增加到 $\mu > 3.57 = \mu_\infty$ 时，发生了倍周期分岔；当 μ（设为 μ_c）固定在 $\mu_c = 1 + \sqrt{8}$ 时，出现周期 3 的窗口。现把映射的三次迭代 $f^{(3)}(x, \mu_c)$ 画在图 1-22 中，由于在 μ_c 处它与对角线有 3 个切点，因而发生了切分岔（鞍—结分岔）。

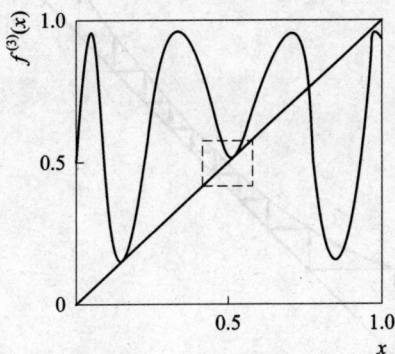

图 1-22　分岔点 μ_c 处 $f^{(3)}(x)$ 图

考虑如果反向改变参数，即 $\mu < \mu_c$ 且 μ 很接近 μ_c 的情形，这时 $f^{(3)}(x, \mu)$ 和对角线之间有三处很狭窄的沟道（图 1-23 为图 1-22 虚线方框部分的放大图形），当迭代中的一个点刚好落在这个沟道附近时，就会发生如图 1-23 所示的过程：一开始似乎是往不动点收敛，但由于没有不动点存在，所以迭代限制在沟道中进行，并经历一些大幅度的跳跃之后走出沟道。在沟道内的迭代非常接近 3 周期运动，并称之为层流。沟道越窄，维持近周期运动的时间越长。而沟道之外的运动没有规律性，表现为混沌运动。若再进入三个沟道中的任何一个的附近，则重复上述过程，然而每次都不是准确地重复以往的过程。于是，沟道中的迭代很像是在不动点附近踏步，它对应于"层流"或近乎于周期运动。而不同沟道之间的跳跃，则对应于混沌运动。这说明为什么整个迭代过程在时间上看起来就像是周期运动中随机地夹杂了一些混沌阶段，层流间歇性地被混沌运动所打断。计算发现，μ 越是接近 μ_c，层流在沟道中所维持的时间越长，但混沌运动的时间长度变化不大。因此，μ 越接近 μ_c，层流运动所占时间的比例就越大。反之，μ 离 μ_c 越远，层流时间越短，混沌运动所占的时间比例就越大，到一定程度终会变为完全的混沌运动。这就是从有序（周期）进入混沌的阵发道路。

阵发混沌最早见于 Lorenz 模型，然而较详细的研究均是在一些非线性映像上所作的。

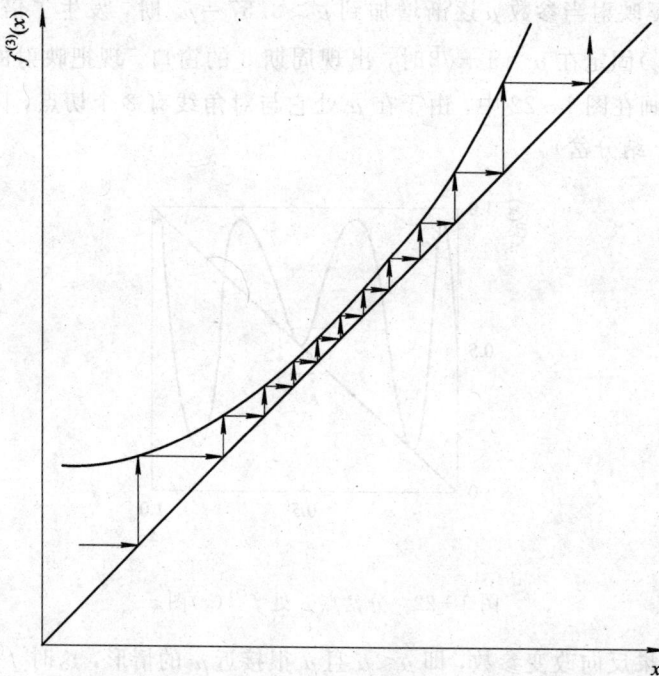

图 1-23 阵发混沌的机制

由上可知,切分岔附近的间歇性也是通向混沌的一种途径。既然间歇混沌出现在 $3P$,$5P$,…之类的切分岔的情况中,它自然也是出现在可能发生倍周期 $(2P)$ 分岔系统中,即由间歇通向混沌和由倍周期分岔通向混沌,只不过是同一动力学系统在不同参数值下出现的现象。因此,由阵发混沌与倍周期分岔所产生的混沌是孪生现象,凡是观察到倍周期分岔的系统,原则上均可发现阵发混沌现象。

3. 菇厄勒—塔肯斯道路

这也是一条通向混沌的道路。它是由菇厄勒和塔肯斯等人为了取代朗道 (Landau L D) 关于湍流的假设,针对朗道的《论湍流问题》,在合写的《论湍流的本质》这篇论文中提出的[35]。

当系统内有不同频率的振荡互相耦合时,系统就会产生一系列新的耦合频率的运动,按照朗道关于湍流发生机制的假设,那么混沌(湍流)可视为无穷多个频率耦合的振荡现象。由于这个假设最终仅停留在对湍流图像性的解释上,无法解决流体在何时出现湍流行为,后来菇厄勒和塔肯斯等人发表了对湍流现象的新看法,认为根本不需要出现无穷多个频率的耦合现象,甚至只要出现 3 个互相不可公度的频率,系统就会出现混沌(湍流),这就是菇厄勒—塔肯斯道路。

　　尽管这条通向混沌的道路提出较早，但与倍周期分岔道路和阵发混沌道路相比，其规律性目前仍知道得较少。例如关于突变点附近的临界行为的研究还不够充分，目前尚不清楚这里是否也存在着普适的临界指数。这些问题已引起了人们的关注。

　　总之，除上述三种通向混沌的道路之外，还有如准周期过程、剪切流转换等许多产生混沌的方式，科学家甚至得出"条条道路通混沌"的结论。因此，通往混沌的道路是多样的、复杂的。

　　综上，不仅混沌现象在自然界中无处不在，本身具有复杂性，其形式无法穷尽，并且其产生机制、产生的过程也是多种多样，这导致了混沌无穷的多样性和复杂性，给研究混沌带来了一定的困难。

1.6　混沌的有序和无序

　　从上述对混沌的介绍我们可以了解到：混沌具有类随机性，从表面看表现出类似噪声的特点，难以捉摸；混沌系统具有多样性，其动力方程或映射千变万化，很难把它们统一起来表达。这些反映出混沌无序的一面。

　　另一方面，混沌系统的相空间重构得到的混沌吸引子具有一定的几何形状，有一定的结构，展现混沌有序的一面；对于一个给定的混沌系统，当其动力方程或映射、参数、初值、计算精度确定的情况下，得到的混沌序列就完全确定，是一个固定的序列，这展现了混沌确定性的一面。

　　综上，混沌千变万化，难以捉摸，类似于噪声；却又有明显的结构，可以产生固定的混沌序列。因此，混沌外表是无序的，内在却是有序的。这使得我们研究混沌的时候有规律可循，通过研究其内在有序，找到其规律。

　　混沌的内在有序特性影响到我们研究混沌的方法，比如本书研究混沌序列的自相关特性，就不能忽视混沌的有序性，采用的方法同研究无序噪声的方法是不同的。

第二章　混沌的部分应用

目前混沌的研究主要集中在混沌基础理论和混沌应用方面。混沌应用主要集中在混沌现象分析、混沌控制和同步、混沌预测以及混沌信号应用这几个方面。

限于篇幅，本章大致从混沌同步以及混沌在通信、雷达的应用这几个角度介绍混沌的应用及理论。

2.1　混　沌　同　步

2.1.1　混沌同步的定义

对于混沌同步的定义，迄今为止尚未达到共识[24]。其中，最著名的也是最早的混沌同步定义是由 Pecora 和 Carroll 提出的[15, 24]：

考虑两个混沌系统，其中一个是目标系统，另一个是受控系统。

设目标系统为

$$\frac{\mathrm{d}\boldsymbol{X}}{\mathrm{d}t} = f(\boldsymbol{X}) \tag{2-1}$$

受控系统为

$$\frac{\mathrm{d}\boldsymbol{Y}}{\mathrm{d}t} = f(\boldsymbol{Y}) \tag{2-2}$$

其中：$\boldsymbol{X} \in \mathbf{R}^n$，$\boldsymbol{Y} \in \mathbf{R}^n$ 分别为两个混沌系统的状态变量。如果存在一个 $\mathbf{R}^n$ 的子集 D，对于任意初始值 $\boldsymbol{X}(0) \in D$，$\boldsymbol{Y}(0) \in D$，有

$$\lim_{t \to \infty} \|\boldsymbol{Y}(t) - \boldsymbol{X}(t)\| = 0 \tag{2-3}$$

则称式(2-1)所述受控系统与式(2-2)所述目标系统达到同步。

Pecora 和 Carroll 的定义描述了混沌同步的本质，即使两个混沌系统的轨迹和状态趋于一致。不过，该定义是只针对同一类型的混沌系统而言的。

在文献[1]中，方锦清给出如下的混沌同步定义：

考虑两个混沌系统，一个混沌系统为

$$\frac{\mathrm{d}\boldsymbol{X}}{\mathrm{d}t} = f(t, \boldsymbol{X}) \tag{2-4}$$

该系统称为目标系统，或者驱动系统，在通信中称为发射系统。另一个混沌系统为

$$\frac{\mathrm{d}\boldsymbol{Y}}{\mathrm{d}t} = g(t, \boldsymbol{Y}) + G(t, \boldsymbol{X}, \boldsymbol{Y}) \tag{2-5}$$

通常称为受控系统，或者响应系统，在通信中称为接收系统。其中，$t \in \boldsymbol{R}_+$，$\boldsymbol{X}, \boldsymbol{Y} \in \boldsymbol{R}^n$ 分别是目标系统和受控系统的状态；$G: [\boldsymbol{R}_+ \times \boldsymbol{R}^n \times \boldsymbol{R}^n] \rightarrow \boldsymbol{R}^n$ 为控制；$f, g: [\boldsymbol{R}_+ \times \boldsymbol{R}^n] \rightarrow \boldsymbol{R}^n$ 为非线性映射。

设 $\boldsymbol{X}(t; t_0, \boldsymbol{X}_0)$ 和 $\boldsymbol{Y}(t; t_0, \boldsymbol{Y}_0)$ 分别为系统(2-4)式和系统(2-5)式的解，并且满足函数光滑的条件。如果存在一个子集 $D \subset \boldsymbol{R}^n$，对于任意的初始值 $\boldsymbol{X}_0 \in D, \boldsymbol{Y}_0 \in D$，满足

$$\lim_{t \to \infty} \| \boldsymbol{Y}(t; t_0, \boldsymbol{Y}_0) - \boldsymbol{X}(t; t_0, \boldsymbol{X}_0) \| = 0 \tag{2-6}$$

则称式(2-4)所述目标系统与式(2-5)所述受控系统达到同步。

方锦清的混沌同步定义是从混沌同步控制的角度定义混沌同步的。实际上，严格说来，混沌同步隶属于混沌控制，因此，从理论上可以用一种统一的形式表示[1]。考虑形如式(2-4)和式(2-5)的两个混沌系统，如果规定目标为稳定混沌系统中某个所期望的不稳定周期轨道，则系统描述了混沌控制；如果规定目标为混沌系统的混沌态，则系统描述了混沌同步[1]。

2.1.2　混沌同步的类型

根据不同的分类方式，混沌同步有不同的类型。按照混沌同步控制的目标分类，混沌同步一般可分为：

(1) 混沌系统的状态变量之间的同步，即状态同步。

(2) 混沌系统的输出之间的同步，即输出同步。

通常意义下所说的混沌同步都是指混沌系统的状态同步。

从混沌同步关系角度来看，目前的混沌同步大体可分为如下两大类型[1]。

1. 恒等同步[1]（IS）

对于参数和变量完全相同的两个混沌系统，当混沌系统相应的信号不仅幅度大小完全相同，而且相位大小等都完全相同时，此时称达到的混沌同步为恒等同步。

2. 广义同步[37-40]（GS）

对于两个不完全相同的混沌系统，当它们相应的系统变量之间存在一定的函数关系时，则称这种同步为广义同步。

从定义可以看出，广义同步是比恒等同步宽松得多的同步形式，达到广义同步的条件远比恒等同步宽松，系统进入广义同步比进入恒等同步容易得多。广义同步条件是极易达成的。

本书提到的混沌同步，都是指混沌恒等同步。用到广义同步时，将指明是广义同步。

2.1.3 混沌同步的一般判据

目前，混沌同步的一般判据[1, 26-32]主要包括：基于 Lyapunov 指数的判据和基于 Lyapunov 函数的判据。

1. 基于李雅普诺夫指数的同步判据

基于 Lyapunov 指数的混沌同步判据是由 Pecora 和 Carroll 根据驱动响应系统的稳定性理论发展而来的[1]。Pecora 和 Carroll 指出：如果响应系统（受控系统）所有的 Lyapunov 指数为负，则驱动系统（目标系统）和响应系统（受控系统）达到混沌同步。因此，当响应系统（受控系统）的最大 Lyapunov 指数小于零时，则两个系统将达到同步。这是混沌同步的一个必要条件。

2. 基于李雅普诺夫函数（或泛函）的同步判据

一般地，混沌系统的同步问题都转化为混沌同步误差系统的稳定性问题来研究。以系统(2-4)和系统(2-5)为例，定义混沌同步误差

$$E = Y - X \tag{2-7}$$

于是混沌同步误差系统为

$$\frac{\mathrm{d}E}{\mathrm{d}t} = g(t, Y) - f(t, X) + G(t, X, Y) \tag{2-8}$$

如果选择合适的控制 G，使得混沌同步误差系统渐近稳定，即

$$\lim_{t \to \infty} \|E(t)\| = 0 \tag{2-9}$$

那么，混沌系统(2-4)和系统(2-5)达到同步。

由此可见，混沌系统的同步问题已经转化为混沌同步误差系统在原点附近的稳定性问题。讨论混沌同步误差系统的稳定性，一般采用经典的 Lyapunov 函数法[1, 24, 26]，Lyapunov 函数法是目前研究非线性系统（包括混沌系统）的主要工具，也是本文论证同步用到的基本理论，因此以下对其作简要介绍。

由于求解非线性微分方程并讨论其解的性质存在严重的困难，Lyapunov 受力学系统中渐近稳定平衡位置附近总能量必逐步减小这一物理现象的启发，引入了一个作为工具的辅助函数，即 Lyapunov 函数或 V 函数，通过它及它对系统的全导数的性质可以判定稳定性等，从而避开了求解非线性微分方程的困

难。对于线性时不变系统，求 Lyapunov 函数的工作可归结为对矩阵方程的求解，现今算法已相当有效和成熟；而对于混沌系统这一类非线性系统，可以通过 Lipschitz 条件、矩阵不等式以及求解矩阵方程等方法，找出合适的 Lyapunov 函数，并转化为求解动力系统的稳定条件。另外，Lyapunov 函数方法又与一系列控制问题，诸如最优控制、鲁棒控制、自适应控制等，有广泛的联系，并成为解决这些问题的有力工具，因而这一方法在近 30 年里得到了巨大的发展。

对于一个 Lyapunov 函数（或泛函）$V(t, \boldsymbol{X}): \boldsymbol{J} \times \boldsymbol{S} \rightarrow \boldsymbol{R}$，其中 $t \in \boldsymbol{J}$，$\boldsymbol{X} \in \boldsymbol{S}$，$V \in \boldsymbol{R}$，必须首先满足以下两个条件：

(1) $V(t, \boldsymbol{X})$对其变量是一阶可微的，或至少是分块一阶可微的；

(2) 对 $\forall t \in \boldsymbol{J}$，有 $V(t, 0) = 0$。

Lyapunov 函数同步判据运用到混沌同步可简要表述为以下形式：

对于式（2-8）所述的有界误差系统（即 $g(t, \boldsymbol{Y}) - f(t, \boldsymbol{X}) + G(t, \boldsymbol{X}, \boldsymbol{Y})$ 在原点 $\boldsymbol{E} = 0$ 附近范数有界），若 Lyapunov 函数（或泛函）$V(t, \boldsymbol{X})$ 正定，并且其对时间 t 的导数 $dV(t, \boldsymbol{X})/dt$ 负定，系统（2-8）式的零解就是渐近稳定的。如果系统（2-8）式是时不变系统（即其参数固定，不随时间改变），则其零解是一致渐近稳定的。

式（2-8）的零解渐近稳定，就是系统（2-4）式、（2-5）式的渐近同步。

该混沌同步判据是混沌同步的充要条件。对于自治或非自治系统，尤其对具有两个或更多的正 Lyapunov 指数的超混沌系统，只要能找到合适的 Lyapunov 函数，这一同步判据是非常重要的[1, 26]。

当然，Lyapunov 函数稳定判据是一个基础的判据，不便在实际中直接使用。可以根据不同的场合，采用不同的数学工具，将其转化为可以在实际中直接使用的同步条件，比如一组同已知条件相联系的不等式，就可以方便使用了。近来，大量文献在这方面作了许多研究工作[27-32]。

2.1.4　混沌同步的控制方法

混沌同步控制的方法有驱动－响应同步及串联同步、主动－被动同步、微扰反馈同步、自适应同步和其他非线性方式同步等。对于微扰反馈同步，可以用自动控制的方法、Lyapunov 直接法、反向单步设计的方法和变结构控制的方法来确定控制量。

1. 驱动－响应同步及串联同步

这是美国海军实验室的 Pecora 和 Carroll 提出的一种混沌同步的方法[18]，简称为 P－C 方法。这个方法的最大特点是两个系统是耦合的，它们之间存在着驱动和响应关系。响应系统的行为取决于驱动系统，而驱动系统的行为与响应系统的行为无关。

P-C方法的基本思想是把混沌系统（驱动系统）分解成两个子系统：一个是稳定的子系统（李雅普诺夫指数均为负值），另一个是不稳定的子系统。对不稳定的子系统复制一个响应系统，当响应系统的条件李雅普诺夫指数均为负值时，驱动和响应系统才能同步。

设一个 n 维自治动力学系统：$\dfrac{\mathrm{d}U}{\mathrm{d}t} = f(U)$，将其分解为 V，W 两个子系统：

$$\begin{cases} \dfrac{\mathrm{d}V}{\mathrm{d}t} = g(V, W) \\[2mm] \dfrac{\mathrm{d}W}{\mathrm{d}t} = h(V, W) \end{cases} \tag{2-10}$$

其中：$U = \{u_1, u_2, \cdots, u_n\}^{\mathrm{T}}$；$V = \{v_1, v_2, \cdots, v_m\}^{\mathrm{T}}$；$W = \{w_{m+1}, w_{m+2}, \cdots, w_n\}^{\mathrm{T}}$；$f = \{f_1, f_2, \cdots, f_n\}^{\mathrm{T}}$；$g = \{f_1, f_2, \cdots, f_m\}^{\mathrm{T}}$；$h = \{f_{m+1}, f_{m+2}, \cdots, f_n\}^{\mathrm{T}}$。
(2-10)式所述系统被称为驱动系统。

现在复制一个响应系统：

$$\frac{\mathrm{d}W}{\mathrm{d}t} = h(V, W) \tag{2-11}$$

其中 V 为驱动变量，它由驱动系统(2-10)产生，用来驱动响应系统。Pecora 和 Carroll 提出了条件 Lyapunov 指数稳定性判据：只有当响应系统(2-11)式的所有条件 Lyapunov 指数都是负值时，才能达到响应和驱动系统的同步，即

$$\Delta W(t) = \lim_{t \to \infty} \| W(t) - W(t) \| = 0$$

Pecora 和 Carroll 以马里兰大学的 Robert Newcomb 设计的电路为基础，运用该同步方法，首次实现了两个混沌系统的同步[41]。

后来，Pecora 和 Carroll 进一步把 P-C 方法推广到高阶级联混沌系统，提出了串联法[42]。串联法是目前混沌同步保密通信研究中的一个主要方法，其主要思想是用已被同步化的子系统去驱动另一个子系统，使得在完整系统中的每个信号都能在子系统中产生相应的同步化信号。由(2-10)式和(2-11)式达到同步后，将该驱动-响应系统作为驱动系统：

$$\begin{cases} \dfrac{\mathrm{d}V}{\mathrm{d}t} = g(V, W) \\[2mm] \dfrac{\mathrm{d}W}{\mathrm{d}t} = h(V, W) \\[2mm] \dfrac{\mathrm{d}W}{\mathrm{d}t} = g(V, W) \end{cases} \tag{2-12}$$

复制第二个响应系统为：

$$\frac{\mathrm{d}\boldsymbol{V}}{\mathrm{d}t} = g(\boldsymbol{V}, \boldsymbol{W}) \tag{2-13}$$

若该响应系统稳定，则 $\boldsymbol{V}''$ 将渐近收敛于 $\boldsymbol{V}$。对于 $(2-12)$ 式和 $(2-13)$ 式构成的驱动－响应系统，依靠 $\boldsymbol{V}$ 的驱动，响应系统能够负值驱动系统的所有变量，实现混沌同步。

对于某些实际的非线性系统，由于物理本质或天然特性等原因，系统无法分为两个子系统，这时 P－C 方法也就无能为力了。但 P－C 方法是其他方法的基础。

2. 主动－被动的同步方法

由于驱动－响应同步在实际应用中受到特定分解的限制，所以有一定的局限性。1995 年，L. Kocarev 和 V. Parlitoz 提出了一种改进方法[43]：主动－被动分解法，该法采用较灵活的普适的分解法，更适合于混沌同步和超混沌同步。

假设一个自治的非线性动力学系统为：

$$\frac{\mathrm{d}\boldsymbol{Z}}{\mathrm{d}t} = F(\boldsymbol{Z})$$

可以把它写作非自治系统形式：

$$\frac{\mathrm{d}\boldsymbol{X}}{\mathrm{d}t} = f(\boldsymbol{X}, s(t)) \tag{2-14}$$

其中：$s(t)$ 为所选的某种驱动变量。复制一个与 $(2-14)$ 式相同的系统：

$$\frac{\mathrm{d}\boldsymbol{Y}}{\mathrm{d}t} = f(\boldsymbol{Y}, s(t)) \tag{2-15}$$

式 $(2-14)$ 和式 $(2-15)$ 受相同的信号 $s(t)$ 驱动。由方程 $(2-14)$ 和 $(2-15)$ 可得到误差状态方程：

$$\frac{\mathrm{d}\boldsymbol{E}}{\mathrm{d}t} = f(\boldsymbol{X}, s(t)) - f(\boldsymbol{X}-\boldsymbol{E}, s(t)) \tag{2-16}$$

其中 $\boldsymbol{E} = \boldsymbol{X} - \boldsymbol{Y}$。很明显，$(2-16)$ 式在 $\boldsymbol{E} = \boldsymbol{0}$ 处有一个稳定的不动点，因此式 $(2-14)$ 和 $(2-15)$ 存在一个稳定的同步态 $\boldsymbol{X} = \boldsymbol{Y}$。可以在 $\boldsymbol{E}$ 小值下应用线性化稳定性分析方法或李雅普诺夫函数的方法，证明 $\boldsymbol{X}$ 和 $\boldsymbol{Y}$ 达到稳定同步。一般根据 P－C 的混沌同步原理来判断。由于当系统 $(2-15)$ 不被驱动时 $(s(t)=0)$，它是一个趋向一个不动点的被动系统（或称无源系统），因此将这里所给出的分解法称为主动－被动分解法或有源－无源分解法，相应的同步类型就称主动－被动同步类型（或有源－无源）同步。

在很多情况下，$s(t)$ 可以是一般函数，它不仅依赖于系统的状态 $\boldsymbol{X}$，而且可以与信息信号 $i(t)$ 有关，即 $s(t) = h(x, i)$ 或 $\frac{\mathrm{d}s}{\mathrm{d}t} = h(x, i, s)$。这个特点使主动

一被动同步方法特别适合于保密通信方面的应用。另外，上述方法可以拓广到高维系统及具有超混沌的发射信号。换句话说，主动－被动同步法可应用于实现超混沌同步通信，因此该法有很大的应用发展潜力。

3. 变量反馈微扰同步方法

变量反馈微扰同步法的基本思想是在与驱动系统具有相同形式的复制系统中增加一反馈项作为响应系统，通过选择合适的反馈项使驱动和响应系统同步。

一个 n 维动力系统：

$$\frac{\mathrm{d}\boldsymbol{X}}{\mathrm{d}t} = f(\boldsymbol{X}, \{c_i\}) \qquad i = 1, 2, \cdots, n \qquad (2-17)$$

式（2-17）作为驱动系统，其相应的响应系统为

$$\frac{\mathrm{d}\boldsymbol{Y}}{\mathrm{d}t} = f(\boldsymbol{Y}, \{c_i'\}) + u \qquad i = 1, 2, \cdots, n \qquad (2-18)$$

其中：$\boldsymbol{X}=(x_1, x_2, \cdots, x_n)$，$\boldsymbol{Y}=(y_1, y_2, \cdots, y_n)$，$\{c_i\}$ 和 $\{c_i'\}$ 为系统参数，两者可有微小的差别，u 为反馈控制量。

系统（2-17）和（2-18）的同步问题就是要寻找一个合适的 u，使：$\lim\limits_{t\to\infty}\|\boldsymbol{Y}(t)-\boldsymbol{X}(t)\|=0$，对于任意的初始状态 $\boldsymbol{X}(0)$ 和 $\boldsymbol{Y}(0)$ 均成立，于是系统的控制与同步可以转化为对系统误差进行研究。设 $\boldsymbol{E}=\boldsymbol{Y}-\boldsymbol{X}$，$\boldsymbol{E}=\{e_1, e_2, \cdots, e_n\}$，则系统的误差动力系统为：

$$\frac{\mathrm{d}\boldsymbol{E}}{\mathrm{d}t} = \frac{\mathrm{d}\boldsymbol{Y}}{\mathrm{d}t} - \frac{\mathrm{d}\boldsymbol{X}}{\mathrm{d}t} \qquad (2-19)$$

只要（2-19）式是稳定的，系统（2-17）式和（2-18）式就可以同步。

反馈控制量 u 可以是线性的，也可以是非线性的，并且可以用不同的方法来确定。一种方法就是用经典的控制方法来确定反馈控制量。另一种方法就是利用 Lyapunov 稳定性定理来确定，通过对（2-19）式构造一正定的 Lyapunov 函数 V，求出使 V 的导数负定的反馈使误差动力系统渐近稳定。还有一种方法是称为反向单步设计的方法，是通过构造 Lyapunov 函数和控制量的设计交替进行的一种递归方法。随着近几年对变结构控制的热门研究，也可以用变结构控制的方法来进行控制量的设计。变结构控制策略的设计涉及滑动面和控制 u 的选取。为了实现混沌系统同步，首先要找到一个合适的滑动面，然后设计有效非线性控制驱使误差状态到达该滑动面上，并使误差在滑动面上到达平衡点（0，0，0）。结合非线性系统的微分几何理论来设计反馈控制量也是一种较好的方法。

变量反馈微扰同步简单有效，易于实现，具有一定的实用价值。利用非线

性反馈可以得到比线性反馈更好的收敛性质。非线性反馈项的形式可以变化很大，但在一定的参数条件下都能实现两个混沌系统的整体单调同步化，这一点对通信工程方面的某些应用是必要的。另外，在多种反馈形式中，可根据实际需要选择其中容易实现的合适形式。由于这种同步化方法可以在复制系统上重现原始系统的所有状态变量的演化，因而可以使同步化在混沌通信中的应用更为方便。

4. 自适应同步方法

1994 年 John 等给出了一种采用自适应控制实现混沌同步的方法[44]，对一可得到的系统参数进行控制，使系统的所有变量可自由演化。

应用这一方法有两个前提条件：① 系统至少有一个或多个参数可以得到。② 对于所期望的轨道，这些参数值是已知的。受控参数的变化依赖于两个因素：一为系统输出变量与期望轨道的相应变量之差；二是受控参数的值与期望轨道相应的参数值之间的差别。

在实际系统中，系统参数总存在一定的摄动，如在蔡氏电路中，电阻和电容值总会存在微小的差别。另外，系统不可避免地会受到外界干扰的影响，考虑到混沌系统对参量极端敏感，参量的微小变化就会导致系统动态行为的巨大变化，因此，如何对存在参量摄动或外界扰动的混沌系统进行有效的同步，对混沌同步走向应用而言非常重要。

5. 其他非线性系统与混沌的同步方法

混沌系统是一种非线性系统，因此，能够逼近混沌系统的非线性系统，都可以用来同混沌系统同步。神经网络和模糊系统都是非线性系统，可以逼近混沌系统，因此，它们可以用来同混沌系统同步，并且把它们用于保密通信，大量文献对此作了研究[45-50]。

关于混沌同步的方法还有很多种，如自动控制的方法[51]、D－B 方法[52]、截断混沌同步法[53]等等，而且随着同步研究的不断深入，更多的方法肯定会不断出现。

2.2　混沌时变参数同步

混沌现象在自然界中无处不在，其参数往往是随时间变化的。在人为给出的混沌系统中，其参数也可以随时间变化，以增加系统复杂度，提供更好的保密性[2,3]。因此，研究混沌时变参数同步具有较重要的意义。

2.2.1 两大类混沌系统同步理论基础

研究目的在于论证时变参数混沌同步通信的可行性,为使问题简单化,我们选择了简单易用的线性误差反馈控制器,这种同步方法属于变量反馈微扰同步方法。本书先在此基础上给出同步充分条件的定理,此定理必须考虑到系统初值和演化过程变量值对同步的影响,并对同步误差的演化给出较详细的描述,并且要求的充分条件要比较宽松,以利于实现。考虑到对笼统的混沌系统难以给出有效且满足上述要求的同步充分条件,我们把目前常用的混沌系统,按其动力方程的函数 $f(\boldsymbol{X})$ 的特性分成了两大类,即分块线性混沌系统、二阶可微混沌系统,这两类混沌系统几乎囊括目前常用的混沌系统。本文对此二类混沌系统,给出了同步的充分条件,以及状态变量的演化范围,对其作了证明,并证明了此条件一定可实现。

1. 两大类混沌系统同步的充分条件及其状态变量的演化范围

引用定义:

设 $\boldsymbol{A} \in \mathbf{R}^{n \times n}$,若对任何非零向量 $\boldsymbol{X} \in \mathbf{R}^n$,都有 $\boldsymbol{X}^\mathrm{T} \boldsymbol{A} \boldsymbol{X} > 0$,则称 $\boldsymbol{A}$ 为广义正定矩阵。

文中提到的广义正定矩阵均为此定义。

引用定理:

设 $\boldsymbol{A} \in \mathbf{R}^{n \times n}$,则下列命题等价:

(1) $\boldsymbol{A}$ 为广义正定矩阵;

(2) 令 $\boldsymbol{S} = (\boldsymbol{A} + \boldsymbol{A}^\mathrm{T})/2$,$\boldsymbol{S}$ 为正定矩阵。

为便于分析,使问题简单化,我们采用简单常用的线性同步误差反馈控制,属于变量反馈微扰同步方法。

一般的 M 维连续混沌同步系统为时不变非线性系统,可以表示为

驱动系统

$$\frac{\mathrm{d} \boldsymbol{X}_0(t)}{\mathrm{d} t} = f(\boldsymbol{X}_0(t)) \tag{2-20}$$

响应系统

$$\frac{\mathrm{d} \boldsymbol{X}_0'(t)}{\mathrm{d} t} = f(\boldsymbol{X}_0'(t)) + \boldsymbol{Q} \boldsymbol{W}(\boldsymbol{X}_0(t) - \boldsymbol{X}_0'(t)) \tag{2-21}$$

式中:状态变量 $\boldsymbol{X}_0(t) \in \mathbf{R}^M$,$\boldsymbol{X}_0'(t) \in \mathbf{R}^M$;$\boldsymbol{Q} \in \mathbf{R}^{M \times M}$,$\boldsymbol{W} \in \mathbf{R}^{M \times M}$,为常数矩阵。

响应子系统的雅可比矩阵为

$$\boldsymbol{J}_R(\boldsymbol{X}_0'(t)) = \frac{\mathrm{d}\left(\dfrac{\mathrm{d} \boldsymbol{X}_0'(t)}{\mathrm{d} t}\right)}{\mathrm{d} \boldsymbol{X}_0'(t)} = \frac{\mathrm{d} f(\boldsymbol{X}_0'(t))}{\mathrm{d} \boldsymbol{X}_0'(t)} - \boldsymbol{Q} \boldsymbol{W} \tag{2-22}$$

式中：$\mathrm{d}f(\boldsymbol{X}_0'(t))/\mathrm{d}\boldsymbol{X}_0'(t)\in\mathbf{R}^{M\times M}$，为 $f(\boldsymbol{X}_0'(t))$ 的雅可比矩阵；$\boldsymbol{J}_R(\boldsymbol{X}_0'(t))\in\mathbf{R}^{M\times M}$。

做如下约定：对于(2-20)式的混沌驱动系统，由初始点开始演化，还未演化到混沌吸引子的状态称为混沌过渡态。在混沌吸引子范围内演化的状态称为混沌态。文中提到的距离均为欧氏距离。

式(2-20)的混沌驱动系统，当初值 $\boldsymbol{X}_0(t)$ 在一定范围内，可以演化到混沌态，则此范围称为驱动系统的值域 J。显然，驱动系统自由演化中，对任意 $t\in[t_0,+\infty)$，有 $\boldsymbol{X}_0(t)\in J$。对式(2-21)所述的响应系统，由系统定义所允许的 $\boldsymbol{X}_0'(t)$ 的取值范围，称为响应系统的值域 J'，对一般 M 维混沌同步系统，J' 为整个 M 维实空间。对一般混沌同步系统，有 $J\subset J'$。文中提到的 J、J' 均为此定义。

混沌系统包括两种常用系统：① 动力方程的函数 $f(\boldsymbol{X}_0(t))$ 为分块线性函数，且在值域内连续，如 Chua 电路，定义为第一类混沌系统；② $f(\boldsymbol{X}_0(t))$ 在值域内对 $\boldsymbol{X}_0(t)$ 二阶可微，如 Lorenz 系统，这里定义为第二类混沌系统。

1) 第一类混沌系统同步充分条件

第一类混沌系统构成的同步系统为：

· 驱动系统
$$\frac{\mathrm{d}\boldsymbol{X}_0(t)}{\mathrm{d}t}=\boldsymbol{A}_p\boldsymbol{X}_0(t) \tag{2-23}$$

· 响应系统
$$\frac{\mathrm{d}\boldsymbol{X}_0'(t)}{\mathrm{d}t}=\boldsymbol{A}_p\boldsymbol{X}_0'(t)+\boldsymbol{Q}\boldsymbol{W}(\boldsymbol{X}_0(t)-\boldsymbol{X}_0'(t)) \tag{2-24}$$

其中，驱动系统值域 J 被划分成 P_0 块，每块编号为 p，有
$$J=\bigcup_{p=1}^{P_0}J_p$$
对任意 $p_1\neq p_2$，有
$$J_{p_1}\bigcap J_{p_2}=\Phi$$
显然，响应系统的值域 J' 也被划分为同样的 P_0 块；对于 $\boldsymbol{A}_p\in\mathbf{R}^{M\times M}$，$p=1,2,\cdots,P_0$，在每块内，$\boldsymbol{A}_p$ 为常数矩阵，定义 $\boldsymbol{A}_p$ 为同步系统的状态变量矩阵，在值域内，包括分块边界上有 $\boldsymbol{A}_p\boldsymbol{X}_0(t)$ 连续；$\boldsymbol{Q}\in\mathbf{R}^{M\times M}$，$\boldsymbol{W}\in\mathbf{R}^{M\times M}$，为常数矩阵。

定理 2.1　由(2-23)式和(2-24)式定义的混沌同步系统，若初值 $\boldsymbol{X}_0(t_0)\in J$，$\boldsymbol{X}_0'(t_0)\in J'$，且演化过程中有 $\boldsymbol{X}_0(t)\in J$，$\boldsymbol{X}_0'(t)\in J'$，连线 $\boldsymbol{X}_0(t)\boldsymbol{X}_0'(t)\in J'$。若存在正定实对角矩阵 $\boldsymbol{D}\in\mathrm{diag}(\lambda_1,\cdots,\lambda_M)$，对全部 $\boldsymbol{A}_p$ 以及 $\boldsymbol{X}_0'(t)\in J'$，均有 $\boldsymbol{D}^2(-\boldsymbol{J}_R(\boldsymbol{X}_0'(t)))$ 为广义正定矩阵，其中 $\boldsymbol{J}_R(\boldsymbol{X}_0'(t))$ 为式(2-22)定义的响应子

系统雅可比矩阵。令 $\boldsymbol{Y}_0(t) = \boldsymbol{DX}_0(t)$，$\boldsymbol{Y}'_0(t) = \boldsymbol{DX}'_0(t)$，误差系统 $\boldsymbol{S}_{0Y}(t) = \boldsymbol{Y}_0(t)$ $-\boldsymbol{Y}'_0(t)$，$\boldsymbol{S}_{0X}(t) = \boldsymbol{X}_0(t) - \boldsymbol{X}'_0(t)$。则有，系统 $\boldsymbol{S}_{0Y}(t)$ 及 $\boldsymbol{S}_{0X}(t)$ 的零解是一致渐进稳定的，且演化过程中有 $\dfrac{\mathrm{d}|\boldsymbol{S}_{0Y}(t)|}{\mathrm{d}t}$ 负定。

证明：

$$\frac{\mathrm{d}\boldsymbol{S}_{0Y}(t)}{\mathrm{d}t} = \boldsymbol{D}(\boldsymbol{A}_p - \boldsymbol{QW})(\boldsymbol{X}_0(t) - \boldsymbol{X}'_0(t)) = \boldsymbol{D}(\boldsymbol{A}_p - \boldsymbol{QW})\boldsymbol{S}_{0X}(t)$$

令 Lyapunov 泛函 $V(t) = \boldsymbol{S}_{0Y}(t)^{\mathrm{T}}\boldsymbol{S}_{0Y}(t) = |\boldsymbol{S}_{0Y}(t)|^2$，有 $V(t)$ 正定。分以下三种情况证明 $\dfrac{\mathrm{d}|\boldsymbol{S}_{0Y}(t)|}{\mathrm{d}t}$ 负定，这三种情况包含了演化中所有可能的情况：

① 当时刻 t，$\boldsymbol{X}_0(t)$ 与 $\boldsymbol{X}'_0(t)$ 在同一个分块值域内，设分块值域编号为 p，有

$$\boldsymbol{J}_R(\boldsymbol{X}'_0(t)) = -(\boldsymbol{QW} - \boldsymbol{A}_p)$$

$$\frac{\mathrm{d}V(t)}{\mathrm{d}t} = -(\boldsymbol{S}_{0X}(t))^{\mathrm{T}}((\boldsymbol{D}^2(\boldsymbol{QW} - \boldsymbol{A}_p))^{\mathrm{T}} + (\boldsymbol{D}^2(\boldsymbol{QW} - \boldsymbol{A}_p)))(\boldsymbol{S}_{0X}(t))$$

由 $\boldsymbol{D}^2(-\boldsymbol{J}_R(\boldsymbol{X}'_0(t)))$ 广义正定，可得 $\dfrac{\mathrm{d}V(t)}{\mathrm{d}t}$ 和 $\dfrac{\mathrm{d}|\boldsymbol{S}_{0Y}(t)|}{\mathrm{d}t}$ 负定。

② 当 $\boldsymbol{X}_0(t_1)$ 与 $\boldsymbol{X}'_0(t_1)$ 在两个相邻分块值域，对于任意时刻 t_1，如图 2-1 所示，边界上面为 Ⅰ 区，状态变量矩阵为 $\boldsymbol{A}_{p1}$；边界下面为 Ⅱ 区，状态变量矩阵为 $\boldsymbol{A}_{p2}$，曲线 $a_0\boldsymbol{X}_0(t_1)b_0$ 为驱动系统(2-23)过 $\boldsymbol{X}_0(t_1)$ 的轨迹，$a'_0\boldsymbol{X}'_0(t_1)b'_0$ 为响应系统(2-24)过 $\boldsymbol{X}'_0(t_1)$ 的轨迹。连线 $\boldsymbol{X}_0(t_1)\boldsymbol{X}'_0(t_1)$ 与边界的交点为 $\boldsymbol{X}'_i(t_1)$，作两条辅助曲线 $a'_i\boldsymbol{X}'_i(t_1)b'_i$ 和 $a'_i\boldsymbol{X}'_i(t_1)c'_i$，其中 $a'_i\boldsymbol{X}'_i(t_1)b'_i$ 为响应系统(2-24)式过 $\boldsymbol{X}'_i(t_1)$ 的演化轨迹；$a'_i\boldsymbol{X}'_i(t_1)c'_i$ 为动力系统(2-25)式过 $\boldsymbol{X}'_i(t_1)$ 的演化轨迹。

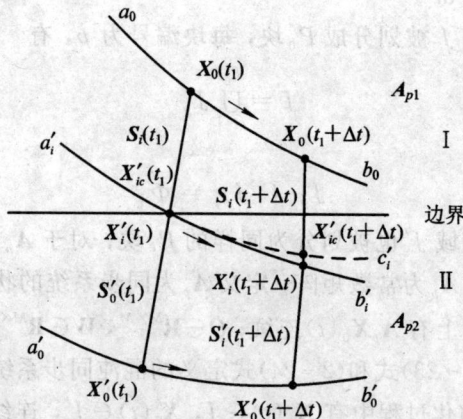

图 2-1　$\boldsymbol{X}_0(t_1)$ 与 $\boldsymbol{X}'_0(t_1)$ 在二相邻分块值域内

$$\frac{\mathrm{d}\boldsymbol{X}'_{ic}(t)}{\mathrm{d}t} = \boldsymbol{A}_{p_1}\boldsymbol{X}'_{ic}(t) + \boldsymbol{QW}(\boldsymbol{X}_0(t) - \boldsymbol{X}'_{ic}(t)) \qquad (2-25)$$

式中：在 Ⅰ、Ⅱ 区的状态变量矩阵均为 $\boldsymbol{A}_{p1}$。

令在时刻 t_1，$\boldsymbol{S}_{iY}(t) = \boldsymbol{D}[\boldsymbol{X}_0(t) - \boldsymbol{X}'_{ic}(t)]$，$\boldsymbol{S}'_{iY}(t) = \boldsymbol{D}[\boldsymbol{X}'_0(t) - \boldsymbol{X}'_i(t)]$

同理可得 $\dfrac{\mathrm{d}|\boldsymbol{S}_{iY}(t)|}{\mathrm{d}t}\bigg|_{t=t_1}$、$\dfrac{\mathrm{d}|\boldsymbol{S}'_{iY}(t)|}{\mathrm{d}t}\bigg|_{t=t_1}$ 是负定的。

注意到

$$\frac{\mathrm{d}\boldsymbol{X}'_{ic}(t)}{\mathrm{d}t}\bigg|_{t=t_1} = \frac{\mathrm{d}\boldsymbol{X}'_i(t)}{\mathrm{d}t}\bigg|_{t=t_1}$$

可得

$$\frac{\mathrm{d}[\,|\boldsymbol{S}_{iY}(t)| + |\boldsymbol{D}(\boldsymbol{X}'_{ic}(t) - \boldsymbol{X}'_i(t))| + |\boldsymbol{S}'_{iY}(t)|\,]}{\mathrm{d}t}\bigg|_{t=t_1} = \frac{\mathrm{d}|\boldsymbol{S}_{0Y}(t)|}{\mathrm{d}t}\bigg|_{t=t_1}$$

是负定的。

③ 当 $\boldsymbol{X}_0(t)$ 与 $\boldsymbol{X}'_0(t)$ 在不相邻的分块值域内时，用类似方法可得 $\dfrac{\mathrm{d}|\boldsymbol{S}_{0Y}(t)|}{\mathrm{d}t}$ 负定。当 $\boldsymbol{X}_0(t)$ 与 $\boldsymbol{X}'_0(t)$ 在边界上，因为它们的导数连续，同样可证得 $\dfrac{\mathrm{d}|\boldsymbol{S}_{0Y}(t)|}{\mathrm{d}t}$ 负定。

综上可以得出，演化过程中，有 $\dfrac{\mathrm{d}|\boldsymbol{S}_{0Y}(t)|}{\mathrm{d}t}$ 负定，所以 $\dfrac{\mathrm{d}\boldsymbol{V}(t)}{\mathrm{d}t}$ 负定。

因为 $\boldsymbol{X}_0(t) \in J$ 有界，在初值选定时，$\boldsymbol{X}'_0(t_0)$ 也有界，又因为 $|\boldsymbol{S}_{0Y}(t)|$ 单调减小，所以 $\boldsymbol{X}'_0(t)$ 有界。又因 $\boldsymbol{D}$、$\boldsymbol{A}_p$、$\boldsymbol{QW}$ 均范数有界，所以误差系统 $\dfrac{\mathrm{d}\boldsymbol{S}_{0X}(t)}{\mathrm{d}t}$ 及 $\dfrac{\mathrm{d}\boldsymbol{S}_{0Y}(t)}{\mathrm{d}t}$ 范数有界。

同步系统 $(2-23)$、$(2-24)$ 的方程左边均不含 t，是时不变系统。

综上，由 Lyapunov 稳定性理论，$\boldsymbol{S}_{0Y}(t)$ 及 $\boldsymbol{S}_{0X}(t)$ 的零解一致渐进稳定，且演化过程中 $\dfrac{\mathrm{d}|\boldsymbol{S}_{0Y}(t)|}{\mathrm{d}t}$ 负定。

2) 第二类混沌系统同步充分条件

第二类混沌系统构成的同步系统为：

• 驱动系统

$$\frac{\mathrm{d}\boldsymbol{X}_0(t)}{\mathrm{d}t} = f(\boldsymbol{X}_0(t)) \qquad (2-26)$$

• 响应系统

$$\frac{\mathrm{d}\boldsymbol{X}_0'(t)}{\mathrm{d}t} = f(\boldsymbol{X}_0'(t)) + \boldsymbol{QW}(\boldsymbol{X}_0(t) - \boldsymbol{X}_0'(t)) \qquad (2-27)$$

式中，状态变量 $\boldsymbol{X}_0(t) \in \mathbf{R}^M$，$\boldsymbol{X}_0'(t) \in \mathbf{R}^M$，$f(\boldsymbol{X}_0(t))$ 值域内对 $\boldsymbol{X}_0(t)$ 二阶可微。

定理 2.2 由 (2-26) 式和 (2-27) 式定义的混沌同步系统，如果 $\boldsymbol{X}_0(t_0) \in J$，$\boldsymbol{X}_0'(t_0) \in J'$。若存在正定实对角矩阵 $\boldsymbol{D} \in \mathrm{diag}(\lambda_1, \cdots, \lambda_M)$，以及满足 $J \subset J_D' \subset J'$ 的值域 J_D'，当 $\boldsymbol{X}_0'(t) \in J_D'$，有 $\boldsymbol{D}^2(-\boldsymbol{J}_R(\boldsymbol{X}_0'(t)))$ 为广义正定矩阵，其中 $\boldsymbol{J}_R(\boldsymbol{X}_0'(t))$ 为式 (2-22) 定义的响应子系统雅可比矩阵。且演化过程中有 $\boldsymbol{X}_0(t) \in J$，$\boldsymbol{X}_0'(t) \in J_D'$，连线 $\boldsymbol{X}_0(t)\boldsymbol{X}_0'(t) \in J_D'$。令 $\boldsymbol{Y}_0(t) = \boldsymbol{D}\boldsymbol{X}_0(t)$，$\boldsymbol{Y}_0'(t) = \boldsymbol{D}\boldsymbol{X}_0'(t)$，误差系统 $\boldsymbol{S}_{0Y}(t) = (\boldsymbol{Y}_0(t) - \boldsymbol{Y}_0'(t))$，$\boldsymbol{S}_{0X}(t) = (\boldsymbol{X}_0(t) - \boldsymbol{X}_0'(t))$，则有，系统 $\boldsymbol{S}_{0Y}(t)$ 及 $\boldsymbol{S}_{0X}(t)$ 的零解是一致渐进稳定的，且演化过程中有 $\frac{\mathrm{d}|\boldsymbol{S}_{0Y}(t)|}{\mathrm{d}t}$ 负定。

证明： 如图 2-2 所示，在 t 时刻，驱动系统 (2-26) 的状态变量为 $\boldsymbol{X}_0(t)$，响应系统 (2-27) 的状态变量为 $\boldsymbol{X}_0'(t)$。曲线 $a_0\boldsymbol{X}_0(t)b_0$、$a_0'\boldsymbol{X}_0'(t)b_0'$ 分别为驱动系统、响应系统过点 $\boldsymbol{X}_0(t)$、$\boldsymbol{X}_0'(t)$ 的轨迹，$\boldsymbol{X}_0(t)\boldsymbol{X}_0'(t)$ 为 $\boldsymbol{X}_0(t)$、$\boldsymbol{X}_0'(t)$ 间的直线，在 $\boldsymbol{X}_0(t)\boldsymbol{X}_0'(t)$ 上选取点 $\{\boldsymbol{X}_i'(t) \mid i=1, \cdots, N_0\}$，把 $\boldsymbol{X}_0(t)\boldsymbol{X}_0'(t)$ 分成 N_0+1 等份，曲线 $\{a_i'\boldsymbol{X}_i'(t)b_i' \mid i=1, \cdots, N_0\}$ 为响应系统 (2-27) 过点 $\{\boldsymbol{X}_i'(t) \mid i=1, \cdots, N_0\}$ 的轨迹。

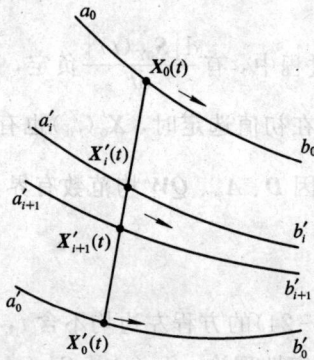

图 2-2 二阶可微系统演化示意图

令
$$\boldsymbol{S}_{0Y}'(t) = \boldsymbol{D}[\boldsymbol{X}_0(t) - \boldsymbol{X}_1'(t)] = \boldsymbol{Y}_0(t) - \boldsymbol{Y}_1'(t)$$
$$\boldsymbol{S}_{iY}'(t) = \boldsymbol{D}[\boldsymbol{X}_i'(t) - \boldsymbol{X}_{i+1}'(t)] = \boldsymbol{Y}_i'(t) - \boldsymbol{Y}_{i+1}'(t), \ i=1, \cdots, (N_0-1)$$
$$\boldsymbol{S}_{N0Y}'(t) = \boldsymbol{D}[\boldsymbol{X}_{N_0}'(t) - \boldsymbol{X}_0'(t)] = \boldsymbol{Y}_{N0}'(t) - \boldsymbol{Y}_0'(t)$$

当 $N_0 \to +\infty$ 时，$|\boldsymbol{S}_{iY}'(t)| \to 0$，$i=0, 1, \cdots, N_0$。

下面证明 $\frac{\mathrm{d}|\boldsymbol{S}_{iY}'(t)|}{\mathrm{d}t}$ 负定，$i=0, 1, \cdots, N_0$。

证明：

因为，在 J'_D 内，$f(\boldsymbol{X}_0(t))$ 对 $\boldsymbol{X}_0(t)$ 二阶可微，所以，可以把 $f(\boldsymbol{X}_0(t))$ 在 J'_D 内任一点 $\boldsymbol{X}_0(t_1)$ 作泰勒展开，展开式为

$$f(\boldsymbol{X}_0(t)) = f(\boldsymbol{X}_0(t_1)) + \frac{\mathrm{d}f(\boldsymbol{X}_0(t))}{\mathrm{d}\boldsymbol{X}_0(t)}\bigg|_{\boldsymbol{X}_0(t)=\boldsymbol{X}_0(t_1)} \times [\boldsymbol{X}_0(t) - \boldsymbol{X}_0(t_1)]$$
$$+ o(|\boldsymbol{X}_0(t) - \boldsymbol{X}_0(t_1)|^2)$$

式中：$o(|\boldsymbol{X}_0(t) - \boldsymbol{X}_0(t_1)|^2)$ 为 $|\boldsymbol{X}_0(t) - \boldsymbol{X}_0(t_1)|$ 的高阶无穷小，当 $|\boldsymbol{X}_0(t) - \boldsymbol{X}_0(t_1)|$ 为无穷小时，有

$$f(\boldsymbol{X}_0(t)) = f(\boldsymbol{X}_0(t_1)) + \frac{\mathrm{d}f(\boldsymbol{X}_0(t))}{\mathrm{d}\boldsymbol{X}_0(t)}\bigg|_{\boldsymbol{X}_0(t)=\boldsymbol{X}_0(t_1)} [\boldsymbol{X}_0(t) - \boldsymbol{X}_0(t_1)]$$

当 $i = 0$，$\boldsymbol{S}'_{0Y}(t) = \boldsymbol{D}[\boldsymbol{X}_0(t) - \boldsymbol{X}'_1(t)] = \boldsymbol{Y}_0(t) - \boldsymbol{Y}'_1(t)$，把 $f(\boldsymbol{X}_0(t))$ 在点 $\boldsymbol{X}_0(t)$ 展开，可得

$$\frac{\mathrm{d}|\boldsymbol{S}'_{0Y}(t)|^2}{\mathrm{d}t} = -[\boldsymbol{X}_0(t) - \boldsymbol{X}'_1(t)]^{\mathrm{T}}[(\boldsymbol{D}^2(-\boldsymbol{J}_R(\boldsymbol{X}'_0(t))))^{\mathrm{T}}$$
$$+ \boldsymbol{D}^2(-\boldsymbol{J}_R(\boldsymbol{X}'_0(t)))][\boldsymbol{X}_0(t) - \boldsymbol{X}'_1(t)]$$

由 $\boldsymbol{X}_0(t)\boldsymbol{X}'_0(t) \in J'_D$，$\boldsymbol{D}^2[-\boldsymbol{J}_R(\boldsymbol{X}'_0(t))]$ 广义正定，可得 $\frac{\mathrm{d}|\boldsymbol{S}'_{0Y}(t)|}{\mathrm{d}t}$ 负定。

当 $i = 1, 2, \cdots, N_0$ 时，同理可得 $\frac{\mathrm{d}|\boldsymbol{S}'_{iY}(t)|}{\mathrm{d}t}$ 负定。

因为 $|\boldsymbol{S}_{0Y}(t)| = |\boldsymbol{Y}_0(t) - \boldsymbol{Y}'_0(t)| = \sum\limits_{i=0}^{N_0} |\boldsymbol{S}'_{iY}(t)|$，所以，$\frac{\mathrm{d}|\boldsymbol{S}_{0Y}(t)|}{\mathrm{d}t}$ 负定。

由于 t 是任取的，且演化过程中有 $\boldsymbol{X}_0(t) \in J$，$\boldsymbol{X}'_0(t) \in J'_D$，所以在演化过程中均有 $\frac{\mathrm{d}|\boldsymbol{S}_{0Y}(t)|}{\mathrm{d}t}$ 负定。

选取 Lyapunov 泛函为 $V(t) = |\boldsymbol{S}_{0Y}(t)|$，有 $V(t)$ 正定，$\frac{\mathrm{d}V(t)}{\mathrm{d}t}$ 负定。

因为 $\boldsymbol{X}_0(t) \in J$ 有界，初值选定时，$\boldsymbol{X}'_0(t_0)$ 有界，又因 $|\boldsymbol{S}_{0Y}(t)|$ 单调减小，所以 $\boldsymbol{X}'_0(t)$ 有界，因此参数选定时 $f(\boldsymbol{X}_0(t))$、$f(\boldsymbol{X}'_0(t))$ 均范数有界。又因 $\boldsymbol{D}$、$\boldsymbol{QW}$ 范数有界，所以误差系统 $\frac{\mathrm{d}\boldsymbol{S}_{0Y}(t)}{\mathrm{d}t}$ 和 $\frac{\mathrm{d}\boldsymbol{S}_{0X}(t)}{\mathrm{d}t}$ 范数有界。

系统(2-26)式、(2-27)式是时不变系统。

综上可得，误差系统 $\boldsymbol{S}_{0Y}(t)$ 及 $\boldsymbol{S}_{0X}(t)$ 的零解是一致渐进稳定的，且演化过程中有 $\frac{\mathrm{d}|\boldsymbol{S}_{0Y}(t)|}{\mathrm{d}t}$ 负定。

2. 第一、二类混沌系统同步充分条件及其状态变量演化范围

定理 2.1 和 2.2 都是假定系统演化过程中，响应系统状态变量始终满足条件，且都没确定其演化范围。这一节通过定理 2.3 给出状态变量的演化范围。

定义 2.1　由式（2-20）定义的 M 维混沌系统，J 为值域，$X_0(t) \in J$。给定 $D \in \mathrm{diag}(\lambda_1, \cdots, \lambda_N)$ 为正定实对角矩阵，把 J 向外扩展得到 J_Z'，使 $J_Z' = \{Z \mid Z \in \mathbf{R}^M, \exists X \in J, |D(Z-X)| \leqslant r\}$，$r$ 为正数。称 J_Z' 为 J 关于 D 的 r 扩展值域，记为 $R_{Dr}'(J)$。

J 在通过矩阵 D 线性变换后，向外扩展 r，由于 D 可逆，再通过可逆变换 D^{-1} 变换回来，所得到的区域就是 J_Z'。

例如：令

$$D = \begin{pmatrix} 2 & 0 \\ 0 & 0.5 \end{pmatrix}$$

令 DJ 向外扩展 r 后得到的区域为 DJ_r。

因为 $D^{-1}(DJ_r) = J_Z'$，所以 $J_r = J_Z'$。

J 到 J_Z' 的变换过程如图 2-3 所示。

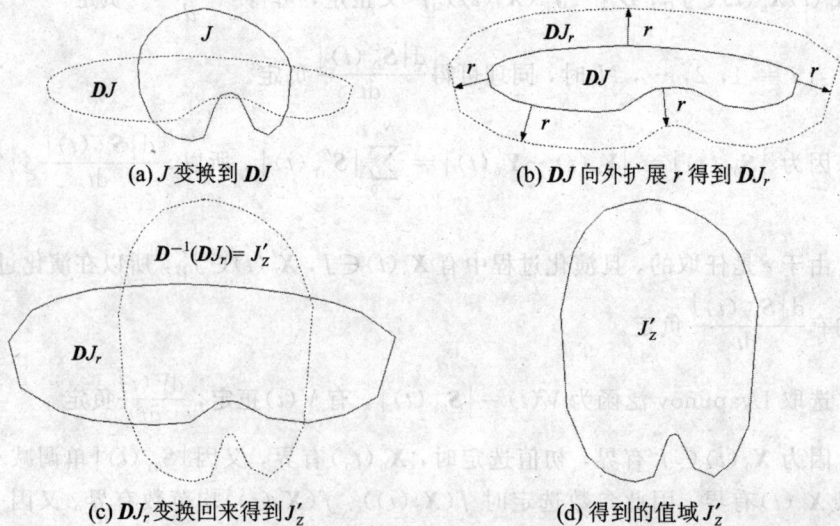

(a) J 变换到 DJ　　　　　　　(b) DJ 向外扩展 r 得到 DJ_r

(c) DJ_r 变换回来得到 J_Z'　　　　　　(d) 得到的值域 J_Z'

图 2-3　J 到 J_Z' 的变换过程

定理 2.3　由式（2-20）和式（2-21）定义的 M 维混沌同步系统，若其为第一或第二类混沌系统，值域分别为 J、J'。选定正数 r，若存在正定实对角矩阵 $D \in \mathrm{diag}(\lambda_1, \cdots, \lambda_M)$，当 $X_0'(t) \in R_{Dr}'(J) \subseteq J'$ 时，有 $D^2(-J_R(X_0'(t)))$ 为广义正定矩阵；且系统初值满足 $X_0(t_0) \in J$，$|D(X_0(t_0) - X_0'(t_0))| \leqslant r$。令 $Y_0(t) =$

$DX_0(t)$，$Y'_0(t) = DX'_0(t)$，误差系统 $S_{0Y}(t) = (Y_0(t) - Y'_0(t))$、$S_{0X}(t) = (X_0(t) - X'_0(t))$。则有，系统 $S_{0Y}(t)$ 及 $S_{0X}(t)$ 的零解是一致渐进稳定的，且对任意 $t \in [t_0, +\infty)$，有 $\dfrac{\mathrm{d}|S_{0Y}(t)|}{\mathrm{d}t}$ 负定，$X'_0(t) \in R'_{Dr}(J)$。$R'_{Dr}(J)$ 由定义 2.1 定义。

证明：

因为，$|D(X_0(t_0) - X'_0(t_0))| \leqslant r$，$X_0(t_0) \in J$，所以，$X'_0(t_0) \in R'_{Dr}(J)$。

由动力系统特性，对 $\Delta t > 0$，有 $X_0(t_0 + \Delta t) \in J$。

由已知条件，并由定理 2.1 和定理 2.2，可得 $\dfrac{\mathrm{d}|S_{0Y}(t)|}{\mathrm{d}t}\Big|_{t=t_0}$ 负定，所以 $\lim\limits_{\Delta t \to 0^+} |D(X_0(t_0 + \Delta t) - X'_0(t_0 + \Delta t))| < r$，因此 $\lim\limits_{\Delta t \to 0^+} X'_0(t_0 + \Delta t) \in R'_{Dr}(J)$。

同理，当 $t' > t_0$ 的任意时刻 t'，若满足 $X_0(t') \in J$，$|D(X_0(t') - X'_0(t'))| \leqslant r$，由已知条件及定理 2.1、定理 2.2，均可以推出 $\dfrac{\mathrm{d}|S_{0Y}(t)|}{\mathrm{d}t}\Big|_{t=t'}$ 负定，且 $\lim\limits_{\Delta t \to 0^+} |D[X_0(t' + \Delta t) - X'_0(t' + \Delta t)]| < r$，$\lim\limits_{\Delta t \to 0^+} X'_0(t' + \Delta t) \in R'_{Dr}(J)$。

由数学归纳法可得，对任意 $t \in [t_0, +\infty)$，有 $\dfrac{\mathrm{d}|S_{0Y}(t)|}{\mathrm{d}t}$ 负定，$X'_0(t) \in R'_{Dr}(J)$。

选取 Lyapunov 泛函为

$$V(t) = |S_{0Y}(t)|$$

显然 $V(t)$ 正定，$\dfrac{\mathrm{d}V(t)}{\mathrm{d}t}$ 负定。

$X_0(t) \in J$ 有界。在初值选定时，$X'_0(t_0)$ 也有界，又因为 $|S_{0Y}(t)|$ 单调减小，所以 $X'_0(t)$ 有界，因此参数选定时，$f(X_0(t))$，$f(X'_0(t))$ 均范数有界。又因 D、QW 范数有界，所以误差系统 $\mathrm{d}S_{0Y}(t)/\mathrm{d}t$ 范数有界。

系统(2-20)式、(2-21)式是时不变系统。

综上所述，误差系统 $S_{0Y}(t)$ 及 $S_{0X}(t)$ 的零解是一致渐进稳定的，且演化过程中有 $\dfrac{\mathrm{d}|S_{0Y}(t)|}{\mathrm{d}t}$ 负定，$X'_0(t) \in R'_{Dr}(J)$。

3. 定理 2.3 的条件可实现性

定理 2.3 的条件是可实现的。

证明：选取 $QW = \mathrm{diag}(k_1, \cdots, k_M)$ 为正定对角矩阵，

$$\frac{1}{2}((D^2 J_R(X_0(t)))^{\mathrm{T}} + D^2 J_R(X_0(t)))$$

$$= \frac{1}{2}\left[\left(D^2 \frac{\mathrm{d}f(X_0(t))}{\mathrm{d}X_0(t)}\right)^{\mathrm{T}} + D^2 \frac{\mathrm{d}f(X_0(t))}{\mathrm{d}X_0(t)}\right] - D^2 QW$$

$$\frac{\mathrm{d}f(\boldsymbol{X}_0(t))}{\mathrm{d}\boldsymbol{X}_0(t)} = [a_{ij}], \ a_{ij} \in \mathbf{R}, \ i = 1, 2, \cdots, M; \ j = 1, 2, \cdots, M$$

定理 2.3 的混沌系统，J 有界。给定 $\boldsymbol{D}$ 及 r，使 $R'_{Dr}(J) \subset J'$，有 $R'_{Dr}(J)$ 有界，因此 $\dfrac{\mathrm{d}f(\boldsymbol{X}_0(t))}{\mathrm{d}\boldsymbol{X}_0(t)}$ 的元素有界，即每个 a_{ij} 有界。因为 $\boldsymbol{D}$ 给定，所以 d_i 有界，$i=1, 2, \cdots, M$。

当

$$k_i > \frac{1}{2d_i^2} \left(\sum_{j \neq i,\ j=1}^M |d_i^2 a_{ij} + d_j^2 a_{ji}| \right) - a_{ii}, \quad i = 1, 2, \cdots, M$$

由特征值的圆盘定理可得 $\dfrac{[\boldsymbol{D}^2 \boldsymbol{J}_R(\boldsymbol{X}_0(t))]^{\mathrm{T}} + \boldsymbol{D}^2 \boldsymbol{J}_R(\boldsymbol{X}_0(t))}{2}$ 的每个特征值小于零，因此 $\boldsymbol{D}^2(-\boldsymbol{J}_R(\boldsymbol{X}'_0(t))$ 广义正定。选择初值，使 $\boldsymbol{X}_0(t_0) \in J$，$|\boldsymbol{D}(\boldsymbol{X}_0(t_0) - \boldsymbol{X}'_0(t_0))| \leqslant r$，就可满足定理条件。

综上所述，定理 2.3 的条件在理论上一定可实现。并且，可以通过调整 $\boldsymbol{D}$ 矩阵，使 $\boldsymbol{QW}$ 的元素取较小值时，$\boldsymbol{D}^2(-\boldsymbol{J}_R(\boldsymbol{X}'_0(t))$ 就广义正定，这样系统比较容易实现。

下面给出实现步骤：

（1）确定式（2-20）的驱动系统结构及参数，使之能达到混沌态，值域 J 随之确定；

（2）选定 r，由 r 确定 $\boldsymbol{D}$，$R'_{Dr}(J)$ 和 $\boldsymbol{QW}$，使满足定理 2.3 的条件，并且 $\boldsymbol{QW}$ 的范数较小，易于实现。

（3）选定初值，使 $\boldsymbol{X}_0(t_0) \in J$，$|\boldsymbol{D}(\boldsymbol{X}_0(t_0) - \boldsymbol{X}'_0(t_0))| \leqslant r$。则此系统随时间演化而渐近同步，且 $\boldsymbol{X}'_0(t) \in R'_{Dr}(J)$。

用 Chua 电路可检验上述定理。由于本书对定理的验证以及众多仿真都采用 Chua 电路，因此首先对 Chua 电路作较详细的介绍。

2.2.2　Chua 电路

Chua 电路[34] 的具体电路结构见图 2-4，它的状态方程为

$$
\begin{cases}
\dfrac{\mathrm{d}v_1(t)}{\mathrm{d}t} = \dfrac{1}{C_1}[G(v_2(t) - v_1(t) - f(v_1(t)))] \\[3mm]
\dfrac{\mathrm{d}v_2(t)}{\mathrm{d}t} = \dfrac{1}{C_2}[G(v_1(t) - v_2(t)) + i_3(t)] \\[3mm]
\dfrac{\mathrm{d}i_3(t)}{\mathrm{d}t} = \dfrac{1}{L}[-v_2(t) - R_0 i_3(t)]
\end{cases}
\tag{2-28}
$$

其中：v_1 为电容 C_1 两端的电压；v_2 为电容 C_2 两端的电压；i_3 为流过电感 L 的电

流；$G=1/R$。二极管的分段线性 $v-i$ 特性函数 $f(v_1(t))$ 为式（2-29），如图 2-5 所示。

$$f(v_1(t)) = G_b v_1(t) + \frac{1}{2}(G_a - G_b)(|v_1(t) + E| - |v_1(t) - E|)$$

$$(2-29)$$

接收响应系统为

$$
\begin{cases}
\dfrac{dv_1'(t)}{dt} = \dfrac{1}{C_1}\big[G(v_2'(t) - v_1'(t)) - f(v_1'(t)) + K_1(v_1(t) - v_1'(t))\big] \\[2mm]
\dfrac{dv_2'(t)}{dt} = \dfrac{1}{C_2}\big[G(v_1'(t) - v_2'(t)) + i_3'(t) + K_1(v_1(t) - v_1'(t))\big] \\[2mm]
\dfrac{di_3'(t)}{dt} = \dfrac{1}{L}\big[-v_2'(t) - R_0 i_3'(t) + K_1(v_1(t) - v_1'(t))\big]
\end{cases}
$$

$$(2-30)$$

其中：K_1 为合适的反馈系数。

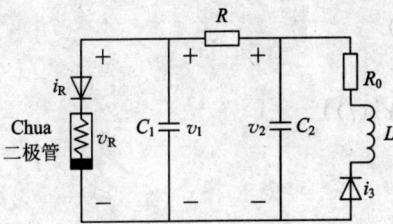

图 2-4　Chua 电路的结构　　　　图 2-5　Chua 电路二极管的 $v-i$ 特性

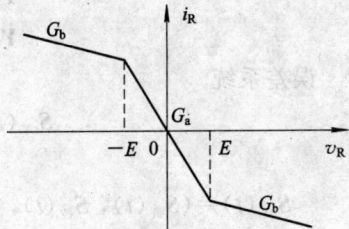

当参数在一定范围的取值，Chua 电路的状态变量表现为混沌形态，其混沌吸引子如图 2-6 所示。

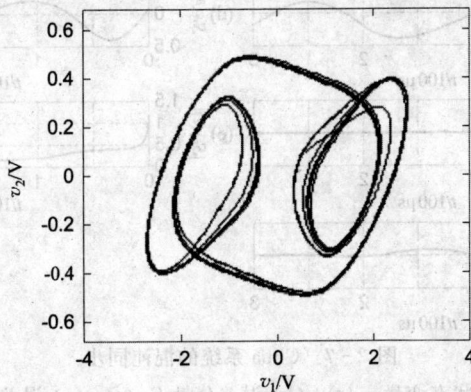

图 2-6　Chua 电路的混沌吸引子

从上述可以看出，Chua 电路属于第一类混沌系统，即 $f(X_0(t))$ 为分块线性函数。

2.2.3　用 Chua 电路检验定理 2.3

取 $L=7.14\ \text{mH}$, $G_a=-0.8\ \text{mS}$, $G_b=-0.5\ \text{mS}$, $E=1\ \text{V}$, $R_0=5\ \Omega$, $C_1=5\ \text{nF}$, $C_2=68\ \text{nF}$, $G=0.68\ \text{mS}$。

响应系统的值域 J' 为整个三维实空间，当 $K_1=0.001$, $\boldsymbol{D}=\text{diag}(d_1, d_2, d_3)=\text{diag}(\sqrt{1.25}, \sqrt{13}, \sqrt{1500000})$ 时，对于 $\boldsymbol{X}_0'(t)\in J'$，有 $\boldsymbol{D}^2(-\boldsymbol{J}_R(\boldsymbol{X}_0'(t))$ 广义正定。因此，取 r 为任意值，由定理 3.3 可知，系统渐近同步，且当 $\boldsymbol{X}_0(t)\neq\boldsymbol{X}_0'(t)$ 时，$|\boldsymbol{D}(\boldsymbol{X}_0(t)-\boldsymbol{X}_0'(t))|$ 严格单调减小。令系统的状态向量为

$$\boldsymbol{X}_0(t)=(v_1(t), v_2(t), i_3(t))^{\text{T}}$$
$$\boldsymbol{X}_0'(t)=(v_1'(t), v_2'(t), i_3'(t))^{\text{T}}$$
$$\boldsymbol{Y}_0(t)=\boldsymbol{D}\boldsymbol{X}_0(t)$$
$$\boldsymbol{Y}_0'(t)=\boldsymbol{D}\boldsymbol{X}_0'(t)$$

误差系统

$$\boldsymbol{S}_{0Y}(t)=(\boldsymbol{Y}_0(t)-\boldsymbol{Y}_0'(t))$$

则

$$\boldsymbol{S}_{0Y}(t)=(\boldsymbol{S}_{v1}(t), \boldsymbol{S}_{v2}(t), \boldsymbol{S}_{i3}(t))^{\text{T}}$$
$$=[d_1(v_1(t)-v_1'(t)), d_2(v_2(t)-v_2'(t))d_3(i_3(t)-i_3'(t))]^{\text{T}}$$
$$|\boldsymbol{S}_{0Y}(t)|=|\boldsymbol{D}(\boldsymbol{X}_0(t)-\boldsymbol{X}_0'(t))|$$

仿真结果列于图 2-7。

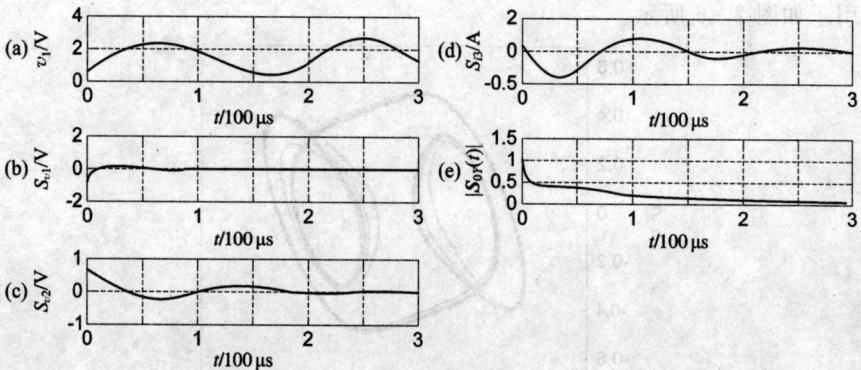

图 2-7　Chua 系统的混沌同步

(a) 驱动系统状态变量 $v_1(t)$；(b) 误差分量 $S_{v1}(t)$；(c) 误差分量 $S_{v2}(t)$；

(d) 误差分量 $S_{i3}(t)$；(e) 误差向量的模 $|S_{0Y}(t)|$

由图可见当 $t \in [t_0, +\infty)$，$\boldsymbol{X}_0(t) \neq \boldsymbol{X}'_0(t)$ 时，有 $|\boldsymbol{S}_{0Y}(t)|$ 严格单调减小且趋近于零，从而 $\dfrac{\mathrm{d}|\boldsymbol{S}_{0Y}(t)|}{\mathrm{d}t}$ 负定，$\boldsymbol{X}'_0(t) \in R'_{Dr}(\boldsymbol{X}'_0(t))$，与定理 2.3 给出的结果一致。

2.2.4 时变参数混沌同步理论

时变参数混沌同步系统的驱动、响应系统为

驱动系统

$$\frac{\mathrm{d}\boldsymbol{X}_0(t)}{\mathrm{d}t} = f(\boldsymbol{X}_0(t), \{u_i(t_0 + nT) \mid i = 1, \cdots, H\}) \qquad (2-31)$$

响应系统

$$\frac{\mathrm{d}\boldsymbol{X}'_0(t)}{\mathrm{d}t} = f(\boldsymbol{X}'_0(t), \{u_i(t_0 + nT) \mid i = 1, \cdots, H\}) - \boldsymbol{Q}\boldsymbol{W}(\boldsymbol{X}_0(t) - \boldsymbol{X}'_0(t))$$

$$(2-32)$$

当参数固定不变时，系统属于第一或第二类混沌同步系统。

n 为时变参数的时钟，虽然 n 很大，但时变参数 $u_i(t_0 + nT) = u'_i(t_0 + nT)$ 的取值可以无规律地重复，不同的取值可较少。设其共选有 W 组不同取值，分别为 $u_k = u'_k \in \mathbf{R}^H$，$k = 1, 2, \cdots, W$。对任一组参数 $u_k = u'_k$，有

驱动系统

$$\frac{\mathrm{d}\boldsymbol{X}_0(t)}{\mathrm{d}t} = f(\boldsymbol{X}_0(t), u_k) \qquad (2-33)$$

响应系统

$$\frac{\mathrm{d}\boldsymbol{X}'_0(t)}{\mathrm{d}t} = f(\boldsymbol{X}'_0(t), u'_k) - \boldsymbol{Q}\boldsymbol{W}(\boldsymbol{X}_0(t) - \boldsymbol{X}'_0(t)) \qquad (2-34)$$

定义 2.2 (2-33)式的混沌驱动系统，对于某组参数 u_k，驱动系统处于混沌态时的值域，称为驱动系统对于 k 的混沌态值域 $R_{dk}(\boldsymbol{X}_0(t))$。当驱动系统初值在一定范围内，驱动系统可演化到混沌态，称此范围为驱动系统对 k 的值域 J_k。

显然有 $R_{dk}(\boldsymbol{X}_0(t)) \subset J_k$。

定义 2.3 对于所有 k，令

$$R_c(\boldsymbol{X}_0(t)) = R_{c1}(\boldsymbol{X}_0(t)) \bigcup R_{c2}(\boldsymbol{X}_0(t)) \bigcup \cdots$$
$$\bigcup R_{dk}(\boldsymbol{X}_0(t)) \bigcup \cdots \bigcup R_{cW}(\boldsymbol{X}_0(t))$$
$$J_o = J_1 \bigcap J_2 \bigcap \cdots \bigcap J_k \bigcap \cdots \bigcap J_W$$

合理选择参数 u_k，使 $R_c(\boldsymbol{X}_0(t)) \subseteq J_o$，称 $R_c(\boldsymbol{X}_0(t))$ 为驱动系统的混沌态值域。

显然，当 $\boldsymbol{X}_0(t_0) \in R_c(\boldsymbol{X}_0(t)) \subseteq J_o$，驱动系统(2-33)可以演化到混沌态。对于所有选定参数 u_k，以及任意初值 $\boldsymbol{X}_0(t_0) \in R_c(\boldsymbol{X}_0(t))$，存在一个演化到混

沌态的所需的最长时间,称为最大过渡时间 T_0,则当 $T \geqslant T_0$ 时,对任意 $\boldsymbol{X}_0(t_0) \in R_c(\boldsymbol{X}_0(t))$,一定有 $\boldsymbol{X}_0(t_0 + T) \in R_c(\boldsymbol{X}_0(t))$。

定义 2.4 (2-33)式的混沌驱动系统,对某组参数 u_k,对于所有初值 $\boldsymbol{X}_0(t_0) \in R_c(\boldsymbol{X}_0(t))$,$\boldsymbol{X}_0(t)$ 的演化范围,称为 $\boldsymbol{X}_0(t)$ 对 k 的限初值值域 $R_k(\boldsymbol{X}_0(t))$。显然 $R_{ck}(\boldsymbol{X}_0(t)) \subseteq R_k(\boldsymbol{X}_0(t))$。对于所有 k,令

$$R(\boldsymbol{X}_0(t)) = R_1(\boldsymbol{X}_0(t)) \bigcup R_2(\boldsymbol{X}_0(t)) \bigcup \cdots \bigcup R_k(\boldsymbol{X}_0(t)) \bigcup \cdots \bigcup R_W(\boldsymbol{X}_0(t))$$

称 $R(\boldsymbol{X}_0(t))$ 为 $\boldsymbol{X}_0(t)$ 的限初值值域。

显然有 $R_c(\boldsymbol{X}_0(t)) \subseteq R(\boldsymbol{X}_0(t))$。

定义 2.5 给定 $\boldsymbol{D}$、r,将 $R(\boldsymbol{X}_0(t))$ 按定义 2.1 进行扩展得到 $R'_{Dr}(\boldsymbol{X}'_0(t))$,且 $\boldsymbol{X}'_0(t)$ 在 $R'_{Dr}(\boldsymbol{X}'_0(t))$ 内有定义,称其为响应系统(2-32)式对所有参数 u_k 关于 $\boldsymbol{D}$ 的 r 扩展值域 $R'_{Dr}(\boldsymbol{X}'_0(t))$。

定理 2.4 对(2-33)、(2-34)式定义的时变参数混沌同步系统,若对给定的 $\boldsymbol{D}$、r,当 $\boldsymbol{X}'_0(t) \in R'_{Dr}(\boldsymbol{X}'_0(t))$,对每组时变参数 u_k,均有 $\boldsymbol{D}^2(-\boldsymbol{J}_R(\boldsymbol{X}'_0(t)))$ 广义正定,且满足 $\boldsymbol{X}_0(t_0) \in R_c(\boldsymbol{X}_0(t))$,$|\boldsymbol{D}(\boldsymbol{X}_0(t_0) - \boldsymbol{X}'_0(t_0))| \leqslant r$,$T \geqslant T_0$。令 $\boldsymbol{Y}_0(t) = \boldsymbol{D}\boldsymbol{X}_0(t)$,$\boldsymbol{Y}'_0(t) = \boldsymbol{D}\boldsymbol{X}'_0(t)$,误差系统 $\boldsymbol{S}_{0Y}(t) = (\boldsymbol{Y}_0(t) - \boldsymbol{Y}'_0(t))$,$\boldsymbol{S}_{0X}(t) = (\boldsymbol{X}_0(t) - \boldsymbol{X}'_0(t))$。则有,系统 $\boldsymbol{S}_{0Y}(t)$ 及 $\boldsymbol{S}_{0X}(t)$ 的零解是渐进稳定的,且对于 $t \in [t_0, +\infty)$,有 $\dfrac{\mathrm{d}|\boldsymbol{S}_{0Y}(t)|}{\mathrm{d}t}$ 负定,$\boldsymbol{X}'_0(t) \in R'_{Dr}(\boldsymbol{X}'_0(t))$。

证明:

第一个时钟内,$n = 1$。

因为 $\boldsymbol{X}_0(t_0) \in R_c(\boldsymbol{X}_0(t))$,所以对 $t \in [t_0, t_0 + T)$,有 $\boldsymbol{X}_0(t) \in R(\boldsymbol{X}_0(t))$。

当 $t \in [t_0, t_0 + T)$,系统显然满足定理 2.3 的条件,有 $\dfrac{\mathrm{d}|\boldsymbol{S}_{0Y}(t)|}{\mathrm{d}t}$ 负定,所以有

$$|\boldsymbol{D}(\boldsymbol{X}_0(t) - \boldsymbol{X}'_0(t))| \leqslant r$$

因此,当 $t \in [t_0, t_0 + T)$,有

$$\boldsymbol{X}'_0(t) \in R'_{Dr}(\boldsymbol{X}'_0(t))$$

又因 $T \geqslant T_0$,所以有

$$\boldsymbol{X}_0(t + T + 0^-) \in R_c(\boldsymbol{X}_0(t))$$

第一个时钟末,$t = t_0 + T$,参数 $\{u_i(t_0 + T) \mid i = 1, \cdots, H\}$ 跳变为 $\{u_i(t_0 + 2T) \mid i = 1, \cdots, H\}$,但因为动力系统状态连续,不能跳变。

所以

$$\boldsymbol{X}_0(t_0 + T + 0^-) = \boldsymbol{X}_0(t_0 + T + 0^+) \in R_c(\boldsymbol{X}_0(t))$$

$$\boldsymbol{X}'_0(t_0 + T + 0^-) = \boldsymbol{X}'_0(t_0 + T + 0^+) \in R'_{Dr}(\boldsymbol{X}'_0(t))$$

所以

$$|D(X_0(t_0 + T + 0^+) - X'_0(t_0 + T + 0^+))| < r$$

因此,第二个时钟($n=2$)也满足定理 2.3 的条件。所以,对 $t \in [t_0 + T, t_0 + 2T)$,有 $\dfrac{d|S_{0Y}(t)|}{dt}$ 负定,$X_0(t) \in R(X_0(t))$,$X'_0(t) \in R'_{D_r}(X'_0(t))$,$|D(X_0(t) - X'_0(t))| < r$,以及 $X_0(t + 2T + 0^-) \in R_c(X_0(t))$。

同理,当第 N 个时钟满足定理 2.3 的条件下,可推出第 $N+1$ 个时钟也满足条件。

由数学归纳法可得,t_0 以后的每个时钟都满足定理 2.3 的条件,因此,对 $t \in [t_0, +\infty)$,有 $\dfrac{d|S_{0Y}(t)|}{dt}$ 负定,$X_0(t) \in R(X_0(t))$,$X'_0(t) \in R'_{D_r}(X'_0(t))$。

选取 Lyapunov 泛函为

$$V(t) = |S_{0Y}(t)|$$

对 $t \in [t_0, +\infty)$,有 $V(t)$ 正定,$\dfrac{dV(t)}{dt}$ 负定。

因为 $X_0(t) \in J$ 有界,在初值选定时,$X'_0(t_0)$ 也有界,又因为 $|S_{0Y}(t)|$ 单调减小,所以 $X'_0(t)$ 有界,因此所有参数选定时,$f(X_0(t))$、$f(X'_0(t))$ 均范数有界。又因 D、QW 范数有界,所以误差系统 $\dfrac{d|S_{0Y}(t)|}{dt}$ 范数有界。

综上,误差系统 $S_{0Y}(t)$ 及 $S_{0X}(t)$ 的零解是渐进稳定的,且对于 $t \in [t_0, +\infty)$,有 $\dfrac{d|S_{0Y}(t)|}{dt}$ 负定,$X'_0(t) \in R'_{D_r}(X'_0(t))$。

定理 2.4 条件的可实现性描述如下:

(2-33)、(2-34)式定义的时变参数混沌同步,虽然有多种参数 u_k,但只要选定,就一定有界,又因 $R(X_0(t))$ 有界,$R'_{D_r}(X'_0(t))$ 亦有界,所以,同理可得,总可以调整 QW,使对于所有参数 u_k,任意 $X'_0(t) \in R'_{D_r}(X'_0(t))$,有 $D^2(-J_R(X'_0(t))$ 广义正定。并可以调整 D,使 QW 取值较小,易于实现。则当 $X_0(t_0) \in R_c(X_0(t))$,$|D(X_0(t_0) - X'_0(t_0))| \leqslant r$,$T \geqslant T_0$ 时,满足定理 2.4 的条件,系统渐近同步,且 $X'_0(t) \in R'_{D_r}(X'_0(t))$。

因此,时变参数混沌同步系统一定是可实现的。

定理 2.4 的条件是充分条件,要求比较严格。实际上,在未达到上述条件时,就已经可以同步,但定理 2.4 保证了时变参数混沌同步一定可以实现,并且给出了状态变量的严格演化范围。

2.2.5　时变参数混沌同步的验证

我们用 Chua 电路对前述定理进行检验。Chua 电路的时变参数同步的状态方程如下:

驱动系统

$$
\begin{cases}
\dfrac{\mathrm{d}v_1(t)}{\mathrm{d}t} = \dfrac{1}{C_1(t_0+nT)}\left[G(t_0+nT)(v_2(t)-v_1(t))-f(v_1(t))\right] \\[2mm]
\dfrac{\mathrm{d}v_2(t)}{\mathrm{d}t} = \dfrac{1}{C_2(t_0+nT)}\left[G(t_0+nT)(v_1(t)-v_2(t))+i_3(t)\right] \\[2mm]
\dfrac{\mathrm{d}i_3(t)}{\mathrm{d}t} = \dfrac{1}{L}\left[-v_2(t)-R_0(t_0+nT)i_3(t)\right]
\end{cases}
$$

$$(2-35)$$

响应系统为

$$
\begin{cases}
\dfrac{\mathrm{d}v_1'(t)}{\mathrm{d}t} = \dfrac{1}{C_1'(t_0+nT)}\big[G'(t_0+nT)(v_2'(t)-v_1'(t)) \\[1mm]
\qquad\qquad -f(v_1'(t))+K_1(v_1(t)-v_1'(t))\big] \\[2mm]
\dfrac{\mathrm{d}v_2'(t)}{\mathrm{d}t} = \dfrac{1}{C_2'(t_0+nT)}\big[G'(t_0+nT)(v_1'(t) \\[1mm]
\qquad\qquad -v_2'(t))+i_3'(t)+K_1(v_2(t)-v_2'(t))\big] \\[2mm]
\dfrac{\mathrm{d}i_3'(t)}{\mathrm{d}t} = \dfrac{1}{L}\big[-v_2'(t)-R_0'(t_0+nT)i_3'(t)+K_1(i_3(t)-i_3'(t))\big]
\end{cases}
$$

$$(2-36)$$

其中：K_1 为反馈系数；驱动、响应系统的时变参数相等，即 $G(t_0+nT)=G'(t_0+nT)$，$C_2(t_0+nT)=C_2'(t_0+nT)$，$R_0(t_0+nT)=R_0'(t_0+nT)$，$C_1(t_0+nT)=C_1'(t_0+nT)$，并随时钟 n 变化。

令 $L=7.14$ mH，$G_a=-0.8$ mS，$G_b=-0.5$ mS，$E=1$ V。时钟周期 $T=100$ μs，随时钟 n，$R_0=R_0'$ 做无规律的 5，10 二值变化，$C_1=C_1'$ 做无规律的 5 nF，6 nF 二值变化，$G=G'$ 在 [0.63 mS，0.68 mS] 的连续区域内做跳变，$C_2=C_2'$ 在 [56 nF，68 nF] 的连续区域内做跳变。

响应系统的值域 J' 为整个 3 维实空间，当 $K_1=0.001$，$\boldsymbol{D}=\mathrm{diag}(d_1,d_2,d_3)=\mathrm{diag}(\sqrt{1.25},\sqrt{13},\sqrt{1500000})$ 时，对上述所有参数的取值，$\boldsymbol{D}^2(-\boldsymbol{J}_R(\boldsymbol{X}_0'(t))$ 在 J' 内均广义正定。因此，取 r 为任意值，由定理 2.4，系统均渐近同步，且当 $\boldsymbol{X}_0(t)\neq\boldsymbol{X}_0'(t)$ 时，$|\boldsymbol{D}(\boldsymbol{X}_0(t)-\boldsymbol{X}_0'(t))|$ 严格单调减小。系统的状态向量为 $\boldsymbol{X}_0(t)=(v_1(t)，v_2(t)，i_3(t))^{\mathrm{T}}$、$\boldsymbol{X}_0'(t)=(v_1'(t)，v_2'(t)，i_3'(t))^{\mathrm{T}}$。令 $\boldsymbol{Y}_0(t)=\boldsymbol{D}\boldsymbol{X}_0(t)$，$\boldsymbol{Y}_0'(t)=\boldsymbol{D}\boldsymbol{X}_0'(t)$，误差系统 $\boldsymbol{S}_0(t)=(\boldsymbol{Y}_0(t)-\boldsymbol{Y}_0'(t))=(S_{v1}(t)，S_{v2}(t)，S_{i3}(t))^{\mathrm{T}}=[d_1(v_1(t)-v_1'(t))，d_2(v_2(t)-v_2'(t))，d_3(i_3(t)-i_3'(t))]^{\mathrm{T}}$，$|\boldsymbol{S}_0(t)|=|\boldsymbol{D}(\boldsymbol{X}_0(t)-\boldsymbol{X}_0'(t))|$。

仿真结果列于图 2-8，可见当 $t \in [t_0, +\infty)$，有 $|S_0(t)|$ 严格单调减小趋近于零，从而 $X_0'(t) \in R_{Dr}'(X_0'(t))$，与定理 2.4 给出的结果一致。

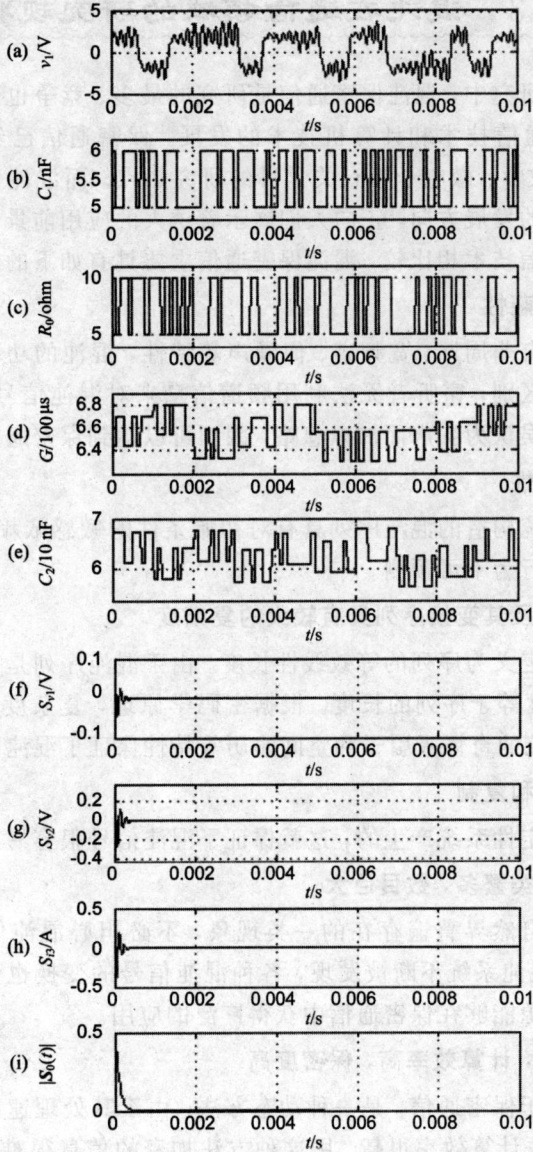

图 2-8 Chua 混沌同步系统的时变参数同步

(a) 驱动系统状态变量 $v_1(t)$；(b) 时变参数 $C_1(t) = C_1'(t)$；(c) 时变参数 $R_0(t) = R_0'(t)$；
(d) 时变参数 $G(t) = G'(t)$；(e) 时变参数 $C_2(t) = C_2'(t)$；(f) 误差变量 $S_{v1}(t)$；
(g) 误差变量 $S_{v2}(t)$；(h) 误差变量 $S_{i3}(t)$；(i) 误差向量的模 $|S_0(t)|$

综上所述，混沌变参同步是可以实现的，对混沌的进一步应用打下基础。

2.3 混沌在通信领域的研究现状

在混沌应用研究中，混沌保密通信是研究的最多、竞争也最为激烈的领域之一。随着网络通信技术和计算机技术的发展，保密通信已经成为计算机通信、网络、应用数学、微电子等有关学科的研究热点。而混沌保密通信作为保密通信的一个新的发展方向，正向人们展示着诱人的应用前景[24]。

与传统的通信技术相比较，混沌保密通信主要具有如下的优点[1, 24]。

1. 信号的隐蔽性

混沌信号具有非周期、宽频谱、似噪声等特性，混沌的功率谱与纯粹的随机过程几乎毫无区别，窃听者无法利用频谱信息来对混沌信号进行跟踪分析，往往将混沌信号误认为噪声而加以忽略，因而可以达到保密通信的目的。

2. 不可预测性

利用混沌系统构造的混沌序列具有对初始条件的敏感依赖性，因此，混沌序列信号的长期行为不可预测。

3. 混沌序列及其变换序列具有较大的复杂度

复杂度一般定义为序列的等效线性长度。由于混沌序列是由非线性系统产生的，因而复杂度等于序列的长度。根据密码学原理，复杂度越大，系统就越难破译。混沌系统的奇怪吸引子和空间遍历等特性保证了混沌序列的复杂度。

4. 易于产生和复制

混沌是由确定性系统产生的，这就保证了混沌信号很容易产生和复制。

5. 信号的种类繁多，数目巨大

混沌系统是自然界普遍存在的一类现象，不必担心混沌信号会被使用殆尽。同时，新的混沌系统不断被发现，各种混沌信号的变换也保证了混沌系统这一丰富的信息源能够在保密通信中获得广泛的应用。

6. 实时性强，计算效率高，保密度高

将混沌应用于保密通信，是一种动态方法。由于其处理速度和密钥长度无关，因此这种方法计算效率很高。用这种方法加密的信息很难被破译，具有很高的保密度。尽管目前这项新技术的研究尚处于实验室阶段，但是，由于它的实时性强，保密度高，运算速度快等明显优势，在保密通信领域中已经显示出其强大的生命力[1, 11, 12, 24]。

现有的利用混沌系统进行保密通信的方式主要有四种：混沌扩频（Chaos

Spread Spectrum）、混沌掩盖（Chaos Masking）、混沌键控（Chaos Shift Keying)和混沌参数调制(Chaos Parameter Modulation)，混沌参数调制也被称为混沌开关(Chaotic Switching)。

混沌扩频主要有两种方式：直接序列扩频和跳频序列扩频，其关键是利用混沌的伪随机性、遍历性设计性能优良的扩频序列。学术界围绕扩频序列的预测和反预测、通信信号的截获和反截获展开了激烈的讨论。混沌扩频和后面三种混沌通信方式不同，混沌掩盖、混沌键控和混沌参数调制，是直接或间接传输混沌系统的状态变量进行通信；混沌扩频是利用混沌系统状态变量设计的扩频序列，控制通信信号的频率来通信。

混沌掩盖的基本原理是把要传输的信息与混沌伪噪声加性调制，从而达到对信息进行隐藏的目的。混沌掩盖只是使传输信号浮在混沌信号载体之上，而不是融入混沌载体之中，这就决定了只能传输能量很小的信号，因为如果传输能量较大的信号，会降低保密性。即便传输小能量信号，由于混沌信号载体是宽谱信号，谱密度较小；而传输的信号往往很有规律性，谱比较集中，某些频率处谱密度较大，很容易使其在此处的功率谱凸出在混沌载体谱之上，使窃密方察觉而泄密。此外，此方法易受信道噪声的影响。

混沌键控利用不同的混沌吸引子代表不同的二进制信息。选择差异明显的吸引子代表不同的二进制信息，可以降低误码率，增强抗噪性。

混沌参数调制，也被称为混沌开关，是将所传输的信息信号调制在系统参数中，在接收端通过同步，检测由于参数差异引起的同步误差并加以解调，恢复相应的参数，来提取所传输的信息信号。

2.4 混沌在雷达领域的研究现状

混沌应用于雷达，主要在两个方面：一是基于混沌动力学的雷达信号处理，二是基于混沌信号的新体制雷达。前者中，混沌被应用于海洋环境下雷达回波的分析中[54-57]。后者是新近出现的对混沌雷达的研究，采用混沌信号作为噪声源，经过调制成为雷达信号，利用此信号进行目标探测。

脉冲压缩雷达体制，由于兼顾作用距离和距离分辨力，同时具有一定的多普勒分辨力，而受到广泛应用。其中噪声雷达，具有优良的距离模糊压缩特性，并且有一定的反侦测、抗干扰能力，而受到学术界广泛关注[58-63]。

关于混沌作为雷达信号的可行性和高性能，已经有不少的分析，普遍认为因为混沌信号的非周期性；决定了基于混沌的雷达系统不会有距离模糊的现象。许多混沌信号在某些雷达调制方式下，有很好的自相关函数和图钉型的模糊函数，是理想的雷达信号[64-68]。这一点和噪声相同。而混沌信号的可控性和易于产生[1-24]，使之相比噪声有易于使用的优势。因此，大量文献尝试将混沌序列作为噪声源，应用于噪声雷达[64-68]。

但混沌毕竟是具有确定性的系统，大多数混沌序列内部存在很强的结构性，在某些调制方式下，其内部结构性会显露出来，导致其相关特性变得很差，随之而来的是模糊函数性能也变得很差[65,66]。由于这个原因，大多数混沌信号在一些雷达调制方式下，会出现性能不稳定[65,66]，很大程度上限制了混沌在雷达中的应用。而噪声信号是随机的，没有内部结构，不存在这个问题。

因此，使用混沌信号需要做大量工作，使其不仅保持可控和易用的优点，而且能够经受各种雷达调制，保持良好和稳定的性能。

第三章 混沌信号的自相关特性及其应用

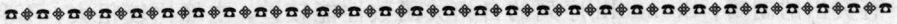

◆◇

3.1 混沌信号的自相关特性

一个离散混沌系统，其动力方程为

$$x(n+1) = f[x(n)] \qquad (3-1)$$

选择系统参数、初值 $x(0)$ 在一定范围内，使系统演化为混沌态。由系统的状态变量，我们可得到一个混沌序列 $\{x(n)\}$。此时 $\{x(n)\}$ 的演化限制在一定范围内，并且相空间上轨迹呈现一定的结构，我们把它叫做混沌吸引子。

以 Tent 序列为例，Tent 映射在一定条件下是混沌系统，其动力方程为

$$x(n+1) = a - b|x(n)| \qquad (3-2)$$

式中：a, b 为正实数，且 $a>0$；$0<b<2$。不失一般性，取其参数为：$a=1/2$，$b=(2-0.0001)$。初值 $x(0) \in [-0.5, 0.5]$，$x(0)$ 为实数，此时状态变量 $x(n)$ 的演化呈混沌状态，演化范围 $x(n) \in (-0.5, 0.5)$，亦为实数，均值为 0。其延迟 1 相的 2 维相图如图 1-11 所示，从相图上我们可以看到 Tent 序列的混沌吸引子，具有确定、清晰的结构，以纵坐标轴对称。后面提到的混沌序列，包括 Tent 序列，都可认为是平稳遍历的，在文献[3-6]中作了说明。

对于长度为 N 平稳且遍历的序列 $\{x(n)\}$，其自相关函数 $r(m)$ 为

$$r(m) = \sum_{n=1}^{N-m} x(n)x^*(n+m) \qquad (3-3)$$

对于一个实序列，自相关函数为

$$r(m) = \sum_{n=1}^{N-m} x(n)x(n+m) \qquad (3-4)$$

序列的自相关函数 $r(m)$ 在 $m=0$ 时，得到最大值 $r(0)$。

归一化自相关函数 $R(m)$ 为

$$R(m) = \frac{r(m)}{r(0)} \qquad (3-5)$$

其中，

$$r(0) = \sum_{n=1}^{N} x(n)^2 \qquad (3-6)$$

特别地，当 $m=1$ 时，

$$R(1) = \frac{1}{r(0)} \sum_{n=1}^{N-1} x(n)x(n+1) \qquad (3-7)$$

Tent 序列的归一化自相关函数性能好，即自相关函数为一根尖细的针形，没有突出的副瓣；Bernoulli 序列的自相关函数性能较差，主峰比较粗大，不利于信号检测。

3.2 混沌信号的自相关特性的应用

信号的自相关特性表征信号一个方面的性能，在现代科学的各个领域有着广泛而重要的作用。以下列举自相关在雷达信号中的应用。

随着飞行技术的飞速发展，对雷达的作用距离、分辨能力、测量精度和单值性等性能指标提出越来越高的要求。测距精度和距离分辨力对信号形式的要求是一致的，主要取决于信号的频率结构，为了提高测距精度和距离分辨力，要求信号具有大的带宽。而测速精度和速度分辨力则取决于信号的时域结构，为了提高测速精度和速度分辨力，要求信号具有大的时宽。除此之外，为提高雷达系统的发现能力，要求信号具有大的能量。由此可见，为了提高雷达系统的发现能力、测量精度和分辨能力，要求雷达信号具有大的时宽、带宽、能量乘积。但是，在系统的发射和馈电设备峰值功率受限制的情况下，大的信号能量只能靠加大信号的时宽来得到。测距精度和距离分辨力同测速精度和速度分辨力以及作用距离之间存在着不可调和的矛盾。具体分析如下：

雷达的距离分辨力取决于信号带宽。普通脉冲雷达中，雷达信号的时带积为一常量(约为 1)，因此不能兼顾距离分辨力和速度分辨力两项指标。

对于给定的雷达系统，可达到的距离分辨力为

$$\delta_r = \frac{c}{2B} \qquad (3-8)$$

式中：c 为光速，$B = \Delta f$ 为发射波形带宽。

近年来，从改进雷达体制方面来扩大作用距离和提高距离分辨力方面已有很大进展。这种体制就是脉冲压缩(PC)雷达体制，它采用宽脉冲发射以提高发射的平均功率，保证足够的最大作用距离和分辨能力，从而解决它们之间的矛盾。

对于简单的(未编码)脉冲雷达，$B = \Delta f = 1/\tau$，此处 τ 为发射脉冲宽度。因

此，对于简单的脉冲系统，有

$$\delta_r = \frac{c\tau}{2} \qquad\qquad (3-9)$$

所以，对于某些雷达考虑到发射平均功率等因素，宜采用脉冲压缩技术，才能同时满足作用距离和距离分辨力的要求。在脉冲压缩系统中，发射波形往往在相位上或频率上进行调制，接收时将回波信号加以压缩，使其等效带宽 B（或用 Δf 表示）满足 $B = \Delta f \gg 1/\tau$。令 $\tau_0 = 1/B$，则式（3-9）变成

$$\delta_r = \frac{c\tau_0}{2} \qquad\qquad (3-10)$$

式中，τ_0 表示经脉冲压缩后的有效带宽。因此，脉冲压缩雷达可用宽度为 τ 的发射脉冲来获得相当于发射脉冲有效宽度为 τ_0 的简单脉冲系统的距离分辨力。发射脉冲宽度 τ 与系统有效（经压缩的）脉冲宽度 τ_0 的比值便称为脉冲压缩比，即

$$D = \frac{\tau}{\tau_0} \qquad\qquad (3-11)$$

因为 $\tau_0 = \dfrac{1}{B}$，所以式（3-11）可写成

$$D = \tau B \qquad (\text{或 } D = \tau\Delta f) \qquad\qquad (3-12)$$

即压缩比等于信号的时带积。在许多应用场合，脉冲压缩系统常用其时带积表征。

这种体制最显著的特点是：

（1）它的发射信号采用载频按一定规律变化的宽脉冲，使其脉冲宽度与有效频谱宽度的乘积 $B\tau \gg 1$，这两个信号参数基本上是独立的，因而可以分别加以选择来满足战术要求。在发射机峰值功率受限的条件下，它提高了发射机的平均功率 P_{av}，增强了发射信号的能量，因此扩大了探测距离。

（2）在接收机中设置一个与发射信号相位共轭匹配的压缩网络，使宽脉冲的发射信号（一般认为也是接收机输入端的回波信号）变成窄脉冲，因此保持了良好的距离分辨力。这一处理过程就称之为"脉冲压缩"。

（3）有利于提高系统的抗干扰能力。对有源噪声干扰来说，由于信号带宽很大，迫使干扰机发射宽带噪声，从而降低了干扰的谱密度。对回答式干扰也由于采用了复杂的脉冲内调制，在信号的延迟、放大、转发过程中会产生更大的畸变，从而受到一定的抑制。至于消极干扰，则由于提高了系统的分辨能力，抗干扰性能也有一定的改善。

当然，采用大时带积信号也会带来一些缺点，这主要有：

（1）最小作用距离受脉冲宽度 τ 的限制。

（2）收发系统比较复杂，在信号产生和处理过程中的任何失真，都将增大副瓣高度。

（3）存在距离副瓣。一般采用失配加权以抑制副瓣，主副瓣比可达 $30\sim35$ dB 以上，但将有 $1\sim3$ dB 的信噪比损失。

（4）存在一定的距离和速度测定模糊。适当选择信号参数和形式可以减少模糊。

总之，脉冲压缩体制的优越性超过了它的缺点，已成为近代雷达广泛应用的一种体制。

噪声雷达（Noise Radar）[58-63]具有脉冲压缩雷达的优点。它在发射端采用噪声源产生的噪声对信号进行调制，得到时带积远大于 1 的信号进行发射，具有大的能量以增大探测距离；在接收端利用噪声信号良好的相关特性对接收信号压缩，得到窄脉冲，从而保持良好的距离分辨力。

图 3-1 为噪声雷达的主要结构框图[58]。噪声雷达信号 $s(t)$ 通过发射天线发射出去，收到目标反射回来，反射信号是延迟为 T 的信号 $s(t-T)$。$s(t-T_r)$ 为 $s(t)$ 的复制信号并延迟了 T_r，使之与 $s(t-T)$ 作相关运算，当 T_r 调整到 $T_r=T$ 时，相关运算会得到强的峰值，由此我们可以得到目标距离的一个估计 $R=cT/2$。

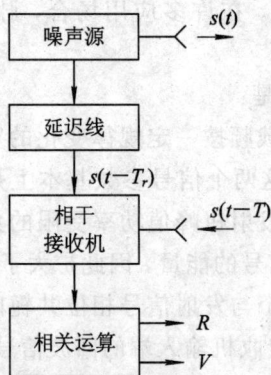

图 3-1 噪声雷达的主要结构框图

此外，由于采用了噪声对雷达信号进行调制，具有更宽的频带，因此具有很好的反探测、反干扰性能，引起了学术界的广泛关注[58-63]。

在对目标信号探测和估计的应用中，性能良好序列的自相关函数应为一根尖细的针形，没有突出的副瓣，实际运用起来才有利于信号的准确检测和估计。自相关函数特性的好坏直接影响到模糊函数特性的好坏，对目标信号的探测和估计起着至关重要的作用。

3.3 混沌信号的自相关特性存在的问题

3.3.1 不同混沌序列的自相关特性的差异性

由于混沌序列的伪随机性和易用性，大量文献[64-68]尝试把混沌序列作为噪声源，应用于噪声雷达中。一些文献[64, 68]认为混沌噪声源性能不错，但另一些文献[65, 66]发现，通常的混沌序列，诸如 Logistic、Skew Tent 映射等序列，经过某些类型的雷达调制后，例如下一节将要介绍的随机频率调制（Random Frequency Modulation，RFM），相关性能往往变得很差，相应的，其模糊函数性能也变得很差，无法作为雷达信号来应用；还有一些序列，本身的自相关特性就不是很理想。

我们选取 4 种混沌序列作为噪声源，这 4 种混沌噪声源序列分别是：$k=128$ 的 MSPL 序列、Bernoulli 序列、Skew Tent 序列、Logistic 序列。研究它们本身的相关特性，以及调制成 RFM 雷达信号后的相关特性、相应的模糊函数特性。

我们作出其自相关函数，如图 3-2 所示。

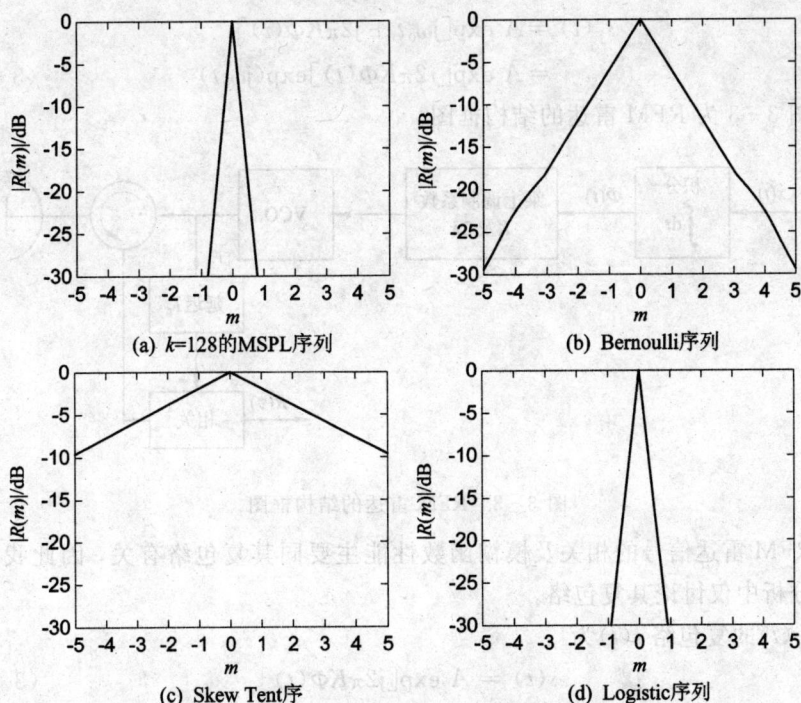

图 3-2 4 种混沌噪声源序列的归一化自相关函数的模 $|R(m)|$

可以看出，有些混沌序列的自相关特性很好，如 $k=128$ 的 MSPL 序列、Logistic 序列，其自相关函数主峰尖细突出，没有明显的副瓣；而有些混沌序列的自相关特性很差，比如 Bernoulli 序列、Skew Tent 序列，它们的自相关函数主峰衰减慢，导致主峰很粗，对信号的检测和估计不利。

3.3.2　在不同调制下自相关特性的差异

上节 4 种混沌和噪声序列在经过雷达调制后，其调制自相关性能又会如何变化呢？我们用以下将要介绍的随机频率调制来说明这个问题。

1. 随机频率调制

随机频率调制噪声雷达，由于其回波具有窄主峰、低副瓣的特点，并具有高距离分辨力，近来受到学术界广泛关注[58-63]。我们以此来比较几种序列的性能。

对于一个随机时间序列 $x(n)$，$n=0,1,2,\cdots$，令 Δt 为序列变化时间间隔，也是后面提到的采样间隔，于是序列成为 $x(n\Delta t)=x(t)$。此序列的 RFM 信号 $s_f(t)$ 为

$$s_f(t) = A\,\exp[j\omega_0 t + j2\pi K\Phi(t)]$$
$$= A\,\exp[j2\pi K\Phi(t)]\exp(j\omega_0 t) \tag{3-13}$$

图 3-3 为 RFM 雷达的结构框图。

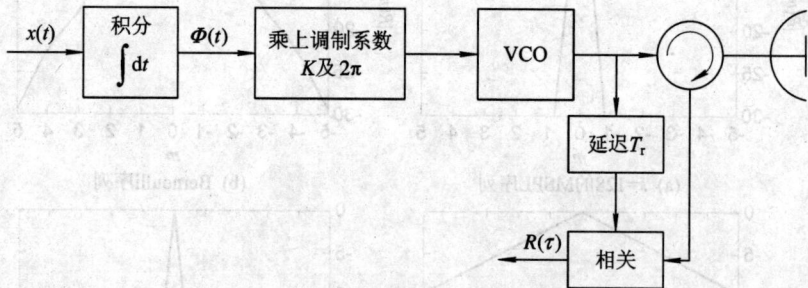

图 3-3　RFM 雷达的结构框图

RFM 雷达信号的相关及模糊函数性能主要同其复包络有关，因此我们在以下分析中仅讨论其复包络。

$s_f(t)$ 的复包络 $s(t)$ 为

$$s(t) = A\,\exp[j2\pi K\Phi(t)] \tag{3-14}$$

式中：A 是信号幅度，K 是调制系数

$$\Phi(t) = \int_0^t x(u)\,\mathrm{d}u \tag{3-15}$$

$s(t)$ 的频谱集中在

$$Kx_{\min} \leqslant f \leqslant Kx_{\max} \tag{3-16}$$

对 $s(t)$ 离散化

$$s(n\Delta t) = A\,\exp[\mathrm{j}2\pi K\Phi(n\Delta t)]$$

$$= A\,\exp\Big[\mathrm{j}2\pi K\sum_{u=0}^{n} x(u)\Delta t\Big] \tag{3-17}$$

采样速率

$$f_s = \frac{1}{\Delta t} \tag{3-18}$$

须满足 Nyquist 定理，即

$$f_s \geqslant 2Kx_{\max} \tag{3-19}$$

才不会出现频谱混叠。

当 $x(n)\in[-0.5,\,0.5]$，$n=0,1,2,\cdots$，可知 $x_{\max}=0.5$，取 $f_s=2Kx_{\max}$，可得

$$\Delta t = \frac{1}{f_s} = \frac{1}{K} \tag{3-20}$$

将上式代入（3-17）式，并令 $s(n)=s\left(\dfrac{n}{K}\right)$，得到离散化的 RFM 信号

$$s(n) = A\,\exp\Big[\mathrm{j}2\pi\sum_{u=0}^{n} x(u)\Big] \tag{3-21}$$

当 $s(n)$ 具备平稳性和遍历性，其自相关函数 $R(m)$ 为

$$R(m) = \sum_{n=0}^{N} s(n)s^*(n+m) \tag{3-22}$$

模糊函数反映雷达信号的距离分辨力和多普勒分辨力，它是评价雷达信号性能的一个重要指标[58-66, 69-73]，是雷达信号在理想状态所能达到性能的保守估计。理想的模糊函数应该呈图钉形，有一个尖锐的主峰，其他地方近似为 0。$s(n)$ 的模糊函数 $\chi(m,v)$ 为

$$\chi(m,v) = \sum_{n=0}^{N} s(n)s^*(n+m)\exp(\mathrm{j}2\pi v n) \tag{3-23}$$

$|\chi(m,v)|^2$ 在 $m=0$，$v=0$ 处取得最大值。

2. 随机频率调制（RFM）下的差异性

我们将上述 4 种混沌序列，通过上节介绍的随机频率调制 RFM，按式（3-21）转化成雷达信号，再按式（3-22）做出它们的自相关函数，如图 3-4 所示。

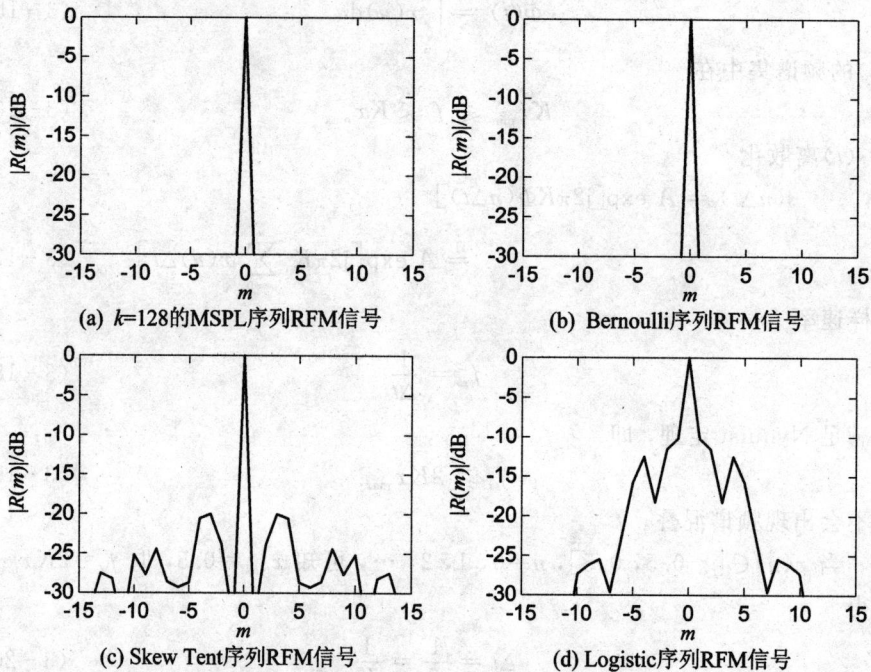

(a) $k=128$的MSPL序列RFM信号

(b) Bernoulli序列RFM信号

(c) Skew Tent序列RFM信号

(d) Logistic序列RFM信号

图 3-4 四种混沌序列 RFM 信号的归一化自相关函数的模$|R(m)|$，
仅(a)、(b)图的副瓣低于-30 dB

可以看到，一方面，$k=128$ 的 MSPL 混沌序列，经过 RFM 调制转化为
RFM 雷达信号后，依然保持了很好的自相关特性。

另一方面，Logistic 混沌序列，经过 RFM 调制成雷达信号后，自相关特性
急剧变差；Skew Tent 序列经过 RFM 调制成雷达信号后，自相关特性依然很
差；Bernoulli 序列经过 RFM 调制性能反而变好，其性能如此变化不能让人放
心使用。大量事实表明[58-68]，一般混沌序列作为噪声源运用于噪声雷达，经过
不同的调制，其性能表现出很大的差异，其最好性能和真正噪声序列相当，表
现差的时候远远不及真正噪声序列。

我们按式(3-23)做出他们的模糊函数，从图 3-5 可以看出，自相关特性
好的信号模糊函数特性也好，反之，自相关特性差的信号模糊函数特性也差。
因此，模糊函数特性和自相关函数特性一致。

可见，一些混沌序列虽然本身相关特性好，但经过雷达调制，调制后的雷
达信号相关特性可能会变差，相应的模糊函数特性也变差。可见，一些混沌序
列经过雷达调制后性能不稳定。

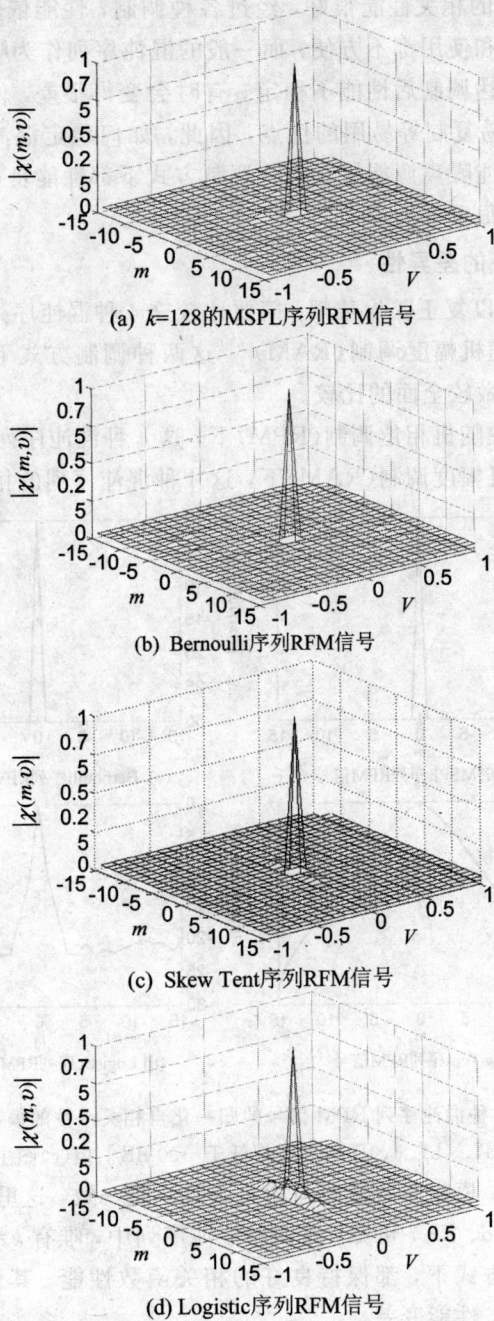

(a) k=128的MSPL序列RFM信号

(b) Bernoulli序列RFM信号

(c) Skew Tent序列RFM信号

(d) Logistic序列RFM信号

图 3-5　4 种混沌序列 RFM 信号的归一化模糊函数的模 $|\chi(m,v)|$

真正噪声序列的相关性能很好，经过各种调制，性能依然很好，但真正噪声序列产生、复制和使用都不方便；而一般的混沌序列作为噪声源运用于噪声雷达，经过各种雷达调制后性能不稳定，有时会变得很差，但混沌序列具有确定性，有易产生、易复制等易用的优点，因此，如何稳定混沌噪声源在经过调制后的性能，使混沌噪声源能够在各种调制方式下都性能良好，达到真正噪声序列的性能，具有很重要的意义。

3. 其他调制下的差异性

本节我们仍然以复正弦为载频，简要比较这 4 种混沌序列在随机相位调制（RPM）[58,67,68]、随机幅度调制（RAM）[64] 这两种调制方式下的相关函数和模糊函数性能，以便做较全面的比较。

图 3-6 表示在随机相位调制（RPM）下，这 4 种混沌序列的相关函数情况；图 3-7 表示在随机幅度调制（RAM）下，这 4 种混沌序列的相关函数情况。

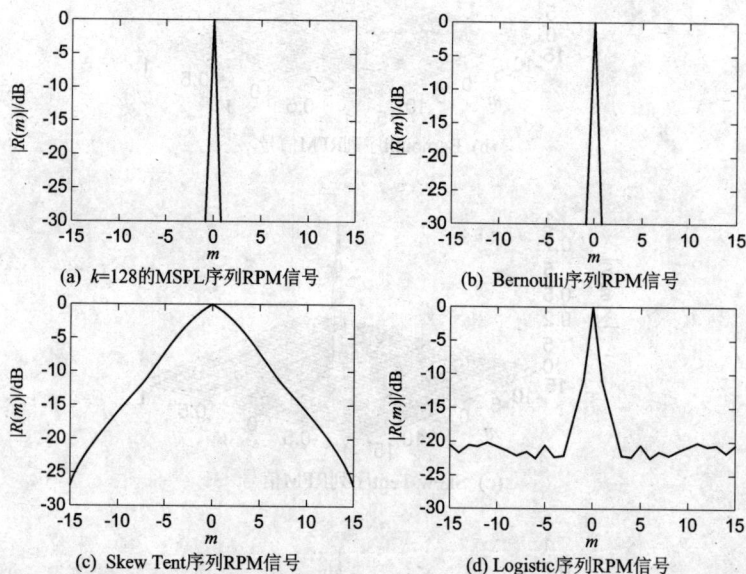

(a) k=128的MSPL序列RPM信号　　(b) Bernoulli序列RPM信号

(c) Skew Tent序列RPM信号　　(d) Logistic序列RPM信号

图 3-6　4 种混沌序列 RPM 信号的归一化自相关函数的模 $|R(m)|$ ，
(a)、(b)、(c)图的副瓣都低于 -30 dB，但(c)图主峰较宽

仿真结果表明，模糊函数性能与相关函数性能一致，这里不赘述。

从图 3-4、3-6、3-7 可知，这四种混沌序列中，唯有 k=128 的 MSPL 序列，在这三种调制方式下，都保持良好的相关函数性能。其他三种混沌序列，在某些雷达调制下，性能变差。

仿真结果显示，他们的模糊函数性能与相关函数一致，唯有 k=128 的 MSPL 序列在这三种调制方式下，都保持良好的模糊函数性能。

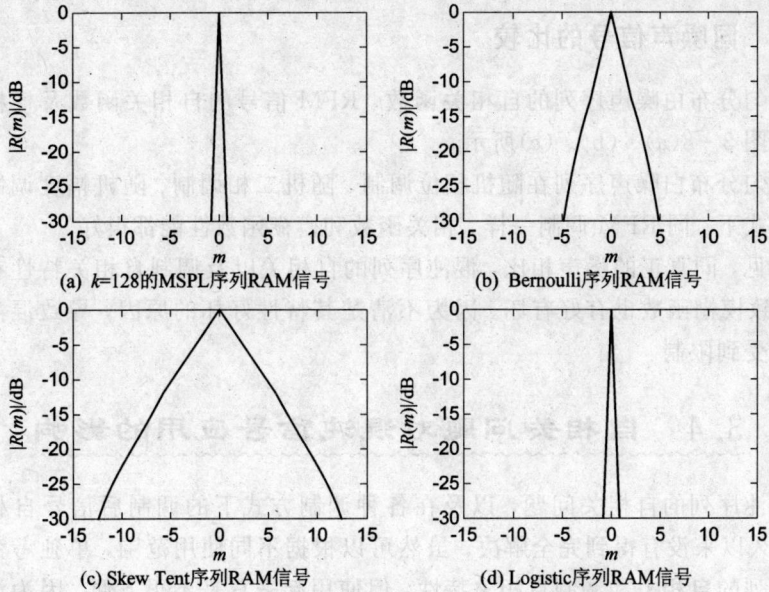

(a) $k=128$的MSPL序列RAM信号

(b) Bernoulli序列RAM信号

(c) Skew Tent序列RAM信号

(d) Logistic序列RAM信号

图 3-7　4种混沌序列 RAM 信号的归一化自相关函数的模$|R(m)|$，

(a)、(b)、(c)、(d)图的副瓣都低于-30 dB，但(b)、(c)图主峰较宽

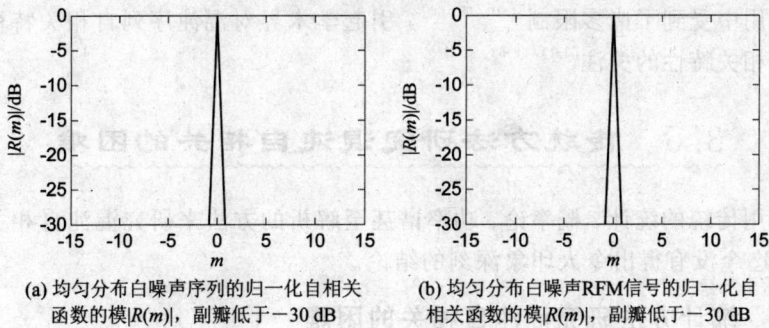

(a) 均匀分布白噪声序列的归一化自相关
函数的模$|R(m)|$，副瓣低于-30 dB

(b) 均匀分布白噪声RFM信号的归一化自
相关函数的模$|R(m)|$，副瓣低于-30 dB

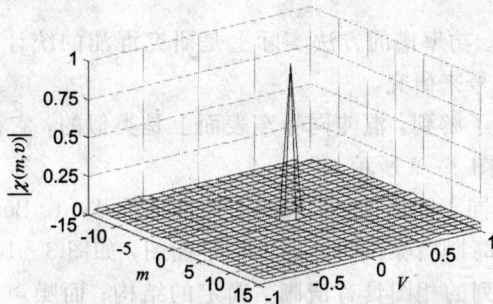

(c) 均匀分布白噪声序列RFM信号的归一化模糊函数的模$|\chi(m,v)|$

图 3-8　均匀分布白噪声序列的特性

3.3.3 同噪声信号的比较

均匀分布白噪声序列的自相关函数、RFM 信号的自相关函数及模糊函数分别如图 3-8(a)、(b)、(c)所示。

均匀分布白噪声序列在随机相位调制、随机二相调制、随机幅度调制这些调制方式下，同 RFM 调制一样，相关函数和模糊函数性能都很好。

可见，同真正的噪声相比，混沌序列的自相关以及调制自相关特性有好有坏，导致模糊函数也有好有坏。因为不清楚其特性好坏的原因，导致混沌信号的应用受到限制。

3.4 自相关问题对混沌信号应用的影响

混沌序列的自相关问题，以及在各种调制方式下的调制后信号自相关问题，长久以来没有得到完全解决。虽然可以根据不同使用范围，单独考察特定混沌序列的自相关和调制自相关特性，但使用起来总是不很方便。因为没有找到自相关不稳定的原因，无法找出其自相关特性的规律，也就无法对自相关特性差的混沌序列针对其缺点进行改进。混沌理论在这方面的欠缺，导致混沌序列在应用中受到了诸多限制[1-10, 65, 66]，引起学术界对混沌序列自相关特性及调制后自相关特性的关注[3-10, 58-68]。

3.5 传统方法研究混沌自相关的困难

利用传统的统计、概率论、功率谱甚至解析的方法来研究混沌自相关是困难的，迄今没有得出令人印象深刻的结论。

3.5.1 统计方法研究混沌自相关的困难

统计、概率论、功率谱的方法实际上是研究混沌的统计特性，也就是把混沌信号当成随机信号来研究。

从第一章我们了解到，混沌同噪声表面上是类似的，它们的演化看上去都是杂乱无章的，如图 3-9 所示。

但混沌完全不同于随机信号，我们给出经典的 Tent、Bernoulli 混沌序列同均匀分布白噪声、高斯白噪声的延迟 1 相平面图，如图 3-10 所示。

可见，混沌序列的相图具有清晰、确定的结构；而噪声，不管是均匀分布噪声还是高斯分布噪声，其相图确实是模糊、杂乱无章的(高斯噪声的相图带有一定的疏密层次，就是这样不起眼的层次，也对高斯噪声的调制自相关特性

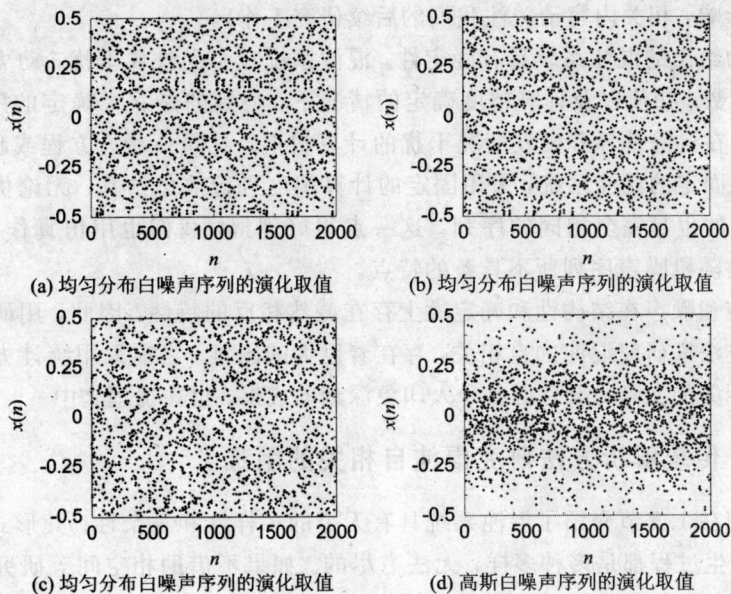

(a) 均匀分布白噪声序列的演化取值　　　　(b) 均匀分布白噪声序列的演化取值

(c) 均匀分布白噪声序列的演化取值　　　　(d) 高斯白噪声序列的演化取值

图 3-9　混沌序列和噪声序列的演化状态

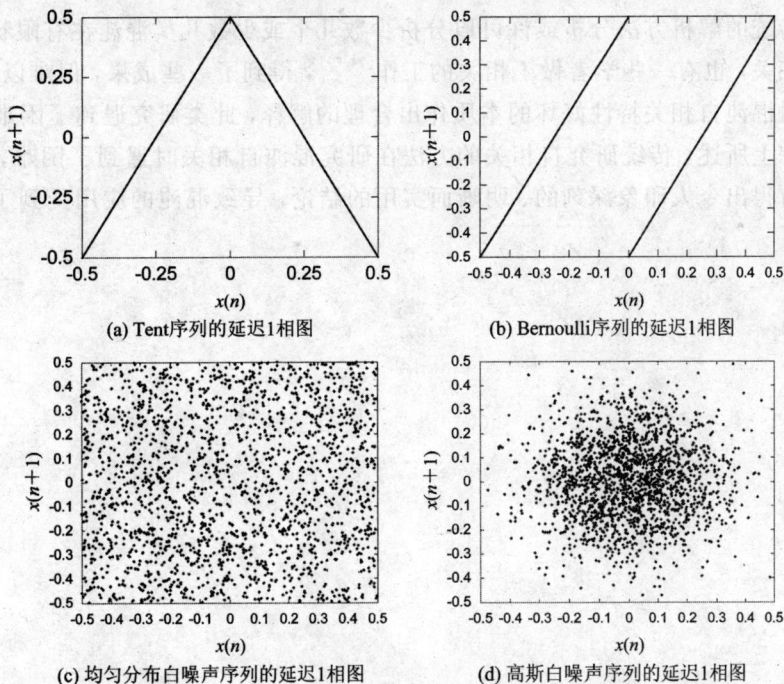

(a) Tent序列的延迟1相图　　　　(b) Bernoulli序列的延迟1相图

(c) 均匀分布白噪声序列的延迟1相图　　　　(d) 高斯白噪声序列的延迟1相图

图 3-10　混沌序列和噪声序列的延迟 1 相图

造成了影响,相关内容请关注我们的后续研究工作)。

人为给出的混沌系统具有确定性。混沌系统在不受外界干扰,动力方程或映射、参数、初值以及计算精度确定的情况下,得到的是一个确定的序列。也就是说,在排除外界和突发情况干扰的计算机上,对同一动力方程或映射、参数、初值固定的混沌系统,采用固定的计算精度进行演化仿真,无论仿真多少次,得到的也是完全相同的序列。这一点很好理解,我们也用仿真作了证实。这恰恰是随机噪声序列所不具备的特点。

混沌和噪声在结构性和确定性上存在截然相反的特性,因此,用研究噪声的统计方法来研究混沌的自相关,存在着巨大的困难。之前采用统计方法研究混沌自相关的文献,没有得出令人印象深刻的成果,也在情理之中。

3.5.2 传统解析方法研究混沌自相关的困难

我们在 1.5 节介绍了混沌系统具有无穷的多样性和复杂性。其形式、产生机制、产生过程都是多种多样,无法穷尽的。如果不借助相空间等研究混沌的工具,而仅仅用传统解析的方法,想把混沌进行较全面的表达、归类和推导,以此来分析其自相关特性是困难的。

传统的解析方法分析或许可以分析少数几个或少数几类混沌在有限状态下的自相关,也有一些学者做了相关的工作[74-79],得到了一些成果,但难以推广、深入对混沌自相关特性好坏的本质作出合理的解释,此类研究遇到了困难。

综上所述,传统研究自相关的方法在研究混沌自相关时遇到了困难,基本上没有得出令人印象深刻的、明晰而实用的结论,导致混沌的应用受到了诸多限制。

第四章 弱结构法对混沌信号自相关特性的初步改进

我们先前希望通过比较混沌和噪声的异同来改善混沌序列的自相关特性，取得了比较有限的成果[7, 8]，本章内容是关于这些初步成果的描述。

4.1 混沌和噪声的异同

众所周知，混沌和噪声从表面上看很相像，都具有非周期性和无规律性[1-24, 80-84]，不能用传统的方法区分开，比如，统计方法、相关和功率谱方法、线性滤波方法，等等。一些混沌序列和噪声序列有很多类似特点，比如，其自相关、互相关特性很好，即自相关近似为 δ 函数(冲击函数)，互相关近似为 0。因此，混沌系统可以用于产生伪随机序列，在通信和雷达中得到广泛运用。

但混沌和噪声有本质的不同，混沌系统是具有确定性的系统，其动力方程、参数、初值一旦确定，在不受外界干扰的情况下，其演化过程也就完全确定。混沌系统的 Shannon 熵 $S = \sum p_n \log(p_n)$ 为有限值，最大 Lyapunov 指数大于 0 但为有限值，因此系统演化中发散速率有限，演化的状态可以确定，相空间中吸引子呈现一定的结构。噪声系统则不然，Shannon 熵为无限大，最大 Lyapunov 指数为无限大，系统演化发散速率为无限大，演化的状态无法确定，相空间中呈现杂乱无章的状态。Tent、Logistic 混沌序列的演化以及相空间状态如图 4-1、图 4-2 所示，噪声序列如图 4-3 所示。混沌和噪声的对比见表 4-1。

表 4-1　混沌与噪声的比较

系统类型	Shannon 熵 $S = \sum p_n \log(p_n)$	最大 Lyapunov 指数 λ	吸引子	系统确定性
混沌系统	$0 < S < +\infty$，较小	$0 < \lambda < +\infty$，较小	有一定的结构	具有确定性
噪声系统	$S \to +\infty$	$\lambda \to +\infty$	无结构，杂乱无章	随机，无法确定

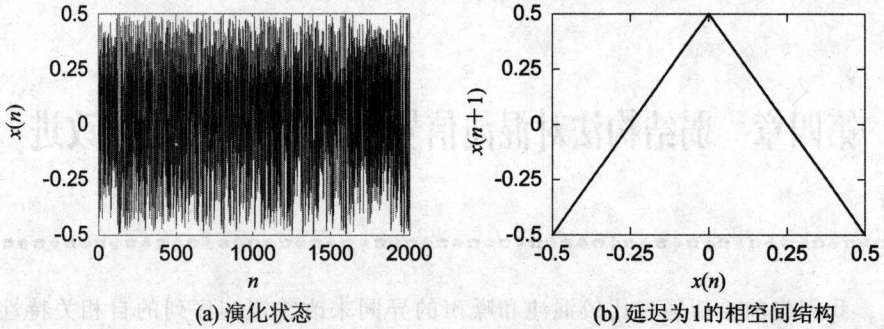

(a) 演化状态　　　　　　　　(b) 延迟为1的相空间结构

图 4 - 1　Tent 序列

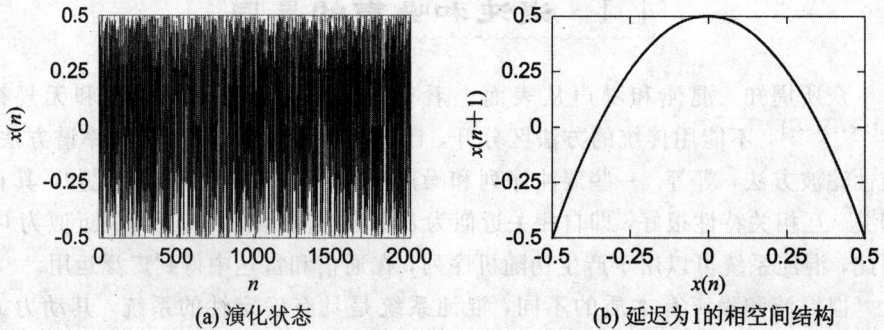

(a) 演化状态　　　　　　　　(b) 延迟为1的相空间结构

图 4 - 2　Logistic 序列

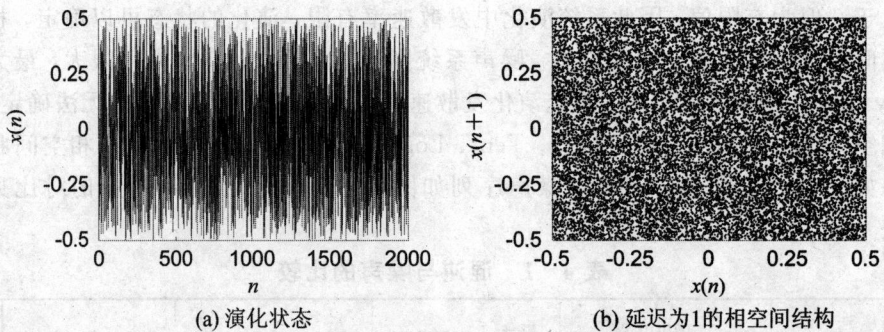

(a) 演化状态　　　　　　　　(b) 延迟为1的相空间结构

图 4 - 3　服从(-0.5，0.5)均匀分布的噪声序列

　　因其特点不同，混沌和噪声在实际运用中各有其特点：噪声具有随机性，其自相关、互相关特性很好，即使经过各种方式的调制，相关特性依然很好，但真正的噪声序列产生和运用都很困难，即使完全相同的两个噪声系统，产生

出的噪声序列也完全不同；混沌序列具有伪随机性，多数混沌序列自相关、互相关特性很好，混沌系统具有确定性，结构、参数、初值相同的混沌系统产生的序列完全相同，因此其产生和复制、运用极为方便，大量文献尝试把混沌序列作为伪随机序列运用到各个领域[64-68]。

但近来混沌序列作为噪声源，运用到噪声雷达领域出现了问题[65,66]。多数混沌序列本身的相关特性很好，但毕竟其内部存在很强的结构性，在某些调制方式下，其内部结构性会显露出来，导致其相关特性变得很差，甚至有些混沌序列本身相关特性就不理想。

混沌和噪声在实际运用中的异同见表 4-2。

表 4-2　混沌与噪声在实际运用中的比较

系统类型	本身相关特性	调制相关特性	易用性
混沌系统	一些混沌系统好	在某些调制方式下很差，性能不稳定	易于产生、复制和运用
噪声系统	好	好	不便于使用

4.2　使混沌系统具有弱结构性

从上面的比较可以得知，Shannon 熵、最大 Lyapunov 指数、吸引子有无结构性以及是否具有确定性，是造成混沌序列和噪声序列本质不同的原因。而 Shannon 熵、最大 Lyapunov 指数是否为无穷大，又是造成序列是否具有结构性和确定性的原因。

因此，需要在保持混沌序列易产生、复制和运用的前提下，减弱其内部结构性，使之具备类似噪声的特点，即不但本身相关特性好，在各种调制方式下，依然保持很好的相关特性。这就是我们下面提出的混沌序列的弱结构性。

一个混沌系统，在吸引子范围内，若其 Shannon 熵、最大 Lyapunov 指数越大，则其吸引子结构性将越弱，越类似于真正的噪声。

由于在实际运用中的计算精度和使用序列长度有限，混沌序列的 Shannon 熵、最大 Lyapunov 指数大到一定程度，即结构性弱到一定程度，其特性和真正的噪声序列可视为相同，我们称此混沌序列具有弱结构性。在一般实际应用中，当一个混沌系统的 Shannon 熵大于 10，最大 Lyapunov 指数大于 5.5，我们就可以认为它具有弱结构性。

具有弱结构性的混沌系统，本身相关特性好，且在各种调制方式下依然保持良好的相关特性，并保持了混沌系统具有确定性的特点，其序列的产生、复制和运用仍然方便。其序列演化、相空间结构可参见图 4-6(a)、(b)。

我们把弱结构混沌系统的特性和混沌、噪声的对比列于表 4-3；在实际中运用的特点列于表 4-4。可见，弱结构混沌系统在实际运用中兼具混沌和噪声的优点，克服了它们的缺点。所有这些特点将在本书后面部分将予以证实。

表 4-3   混沌与噪声，以及弱结构混沌的比较

系统类型	Shannon 熵 $S = \sum p_n \log(p_n)$	最大 Lyapunov 指数 λ	吸引子	系统确定性
混沌系统	$0<S<+\infty$，较小	$0<\lambda<+\infty$，较小	有一定的结构	具有确定性
弱结构混沌系统	$0<S<+\infty$，较大	$0<\lambda<+\infty$，较大	结构性弱	具有确定性
噪声系统	$S\to+\infty$	$\lambda\to+\infty$	无结构，杂乱无章	随机，无法确定

表 4-4   混沌与噪声，以及弱结构混沌在实际运用中的比较

系统类型	本身相关特性	调制相关特性	易用性
混沌系统	一些混沌系统好	在某些调制方式下很差	易于产生、复制和运用
弱结构混沌系统	好	好	易于产生、复制和运用
噪声系统	好	好	不便于使用

4.3　弱结构的混沌信号的特性

我们来考察具有弱结构特点的混沌信号的特点。

4.3.1　弱结构的混沌信号

多段分段线性(Multi-Segment Piecewise Linear，MSPL)混沌序列。当其参数在一定范围内，就具有弱结构性。既保持易用性，又有弱结构性，本身相关特性好，在各种调制方式下依然保持良好的相关特性。

对于一个单边 k 段的 MSPL 混沌系统，其结构为

$$
\begin{cases}
x(n+1) = 2(k-\xi)x(n) + (k+0.5)h \\
\qquad -\dfrac{h}{2} \leqslant x(n) < \dfrac{(1-k)h}{2k} \\
x(n+1) = 2(k-\xi)x(n) + (k-0.5)h \\
\qquad \dfrac{(1-k)h}{2k} \leqslant x(n) < \dfrac{(2-k)h}{2k} \\
\qquad \cdots \\
x(n+1) = 2(k-\xi)x(n) + (k-m+0.5)h \\
\qquad \dfrac{(m-k-1)h}{2k} \leqslant x(n) < \dfrac{(m-k)h}{2k} \\
x(n+1) = 2(k-\xi)x(n) + (-k+0.5)h \\
\qquad \dfrac{(k-1)h}{2k} \leqslant x(n) < \dfrac{h}{2} \\
x(n+1) = x(n+1) - |2\xi x(n)| \qquad x(n+1) > \dfrac{h}{2} \\
x(n+1) = x(n+1) + |2\xi x(n)| \qquad x(n+1) < -\dfrac{h}{2}
\end{cases}
$$

$$(4-1)$$

式中：$n=0,1,2,\cdots$ 为演化步数；$x(n)\in\mathbf{R}$，为系统在第 n 步的状态变量；$m\in\mathbf{Z}$，$1\leqslant m\leqslant 2k$，其不同的值对应于 $x(n)$ 的不同取值范围；参数 $h\in\mathbf{R}$，$h>0$；$k\in\mathbf{Z}_+$，表示系统单边分段线性段的段数；$0\leqslant\xi\ll 1$，为很小的正数。系统的初值 $x(0)$ 需满足 $-\dfrac{h}{2}<x(0)<\dfrac{h}{2}$，则其演化过程中有 $x(n)\in\left[-\dfrac{h}{2},\dfrac{h}{2}\right]$。当 k 为定值时，MSPL 序列是确定的序列，当其结构参数一定，初值确定的情况下，其演化也就完全确定。

在以下分析中，不失一般性，取 $h=1$，$\xi=0.0001$。

MSPL 系统是分段线性系统，其参数 k 代表系统单边的线性分段段数，以下讨论 $k=1$，$k=4$，$k=128$ 这三种情况。

当 $k=1$，系统是众所周知的 Bernoulli 混沌系统，其最大 Lyapunov 指数为 0.693，演化状态和相图如图 4-4 所示。

当 $k=4$，最大 Lyapunov 指数为 2.08，演化状态和相图如图 4-5 所示。

当 $k=128$，最大 Lyapunov 指数为 5.55，演化状态和相图如图 4-6 所示。

在 $k=1,4,128$ 的变化过程中，我们计算出其 Shannon 熵也逐渐增大。

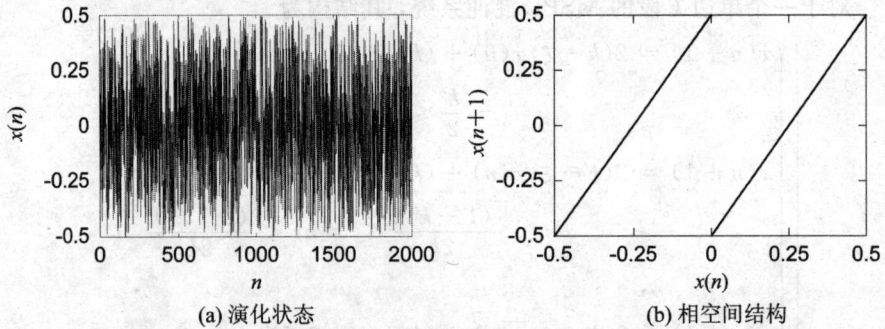

(a) 演化状态　　　　　　　　(b) 相空间结构

图 4-4　$k=1$ 的 MSPL 序列，即 Bernoulli 序列

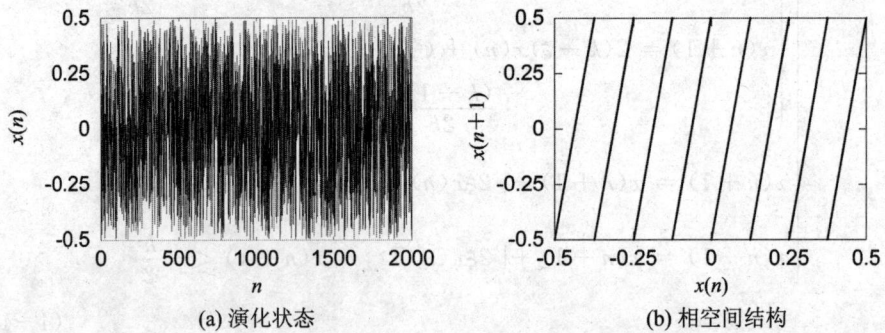

(a) 演化状态　　　　　　　　(b) 相空间结构

图 4-5　$k=4$ 的 MSPL 序列

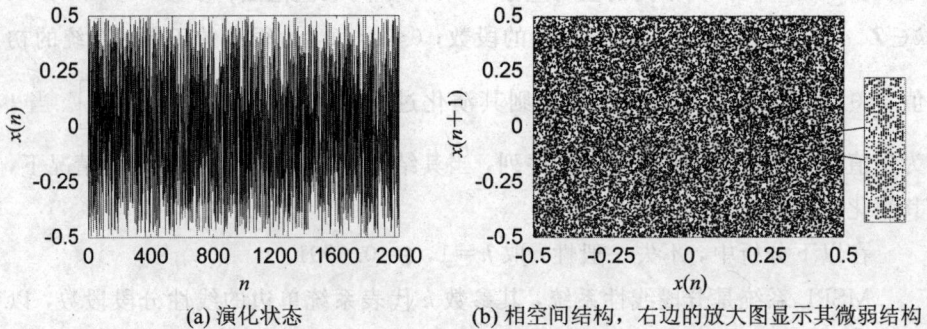

(a) 演化状态　　　　　(b) 相空间结构，右边的放大图显示其微弱结构

图 4-6　$k=128$ 的 MSPL 序列

　　这三种情况下，MSPL 系统的演化都具有非周期性、无规律性，吸引子有限定的范围和一定的几何形状，其最大 Lyapunov 指数都为有限值。因此，这时的 MSPL 系统是混沌系统。

但是，这三种情况的特性又有所不同。$k=1$、4 这两种情况，相空间中吸引子的结构很清楚明显，演化局限在吸引子的有限范围中，最大 Lyapunov 指数比较小，分别为 0.693 和 2.08，其 Shannon 熵也较小；而 $k=128$ 时，吸引子的结构已经不太明显，只能从放大图中看出其结构，虽然演化局限在吸引子的有限范围中，但吸引子已经充斥到相空间的很大范围，最大 Lyapunov 指数已经比较大，为 5.55，其 Shannon 熵也较前两种情况大。因此，$k=128$ 的 MSPL 系统已经具有弱结构性。

可以推断出：当 $k \rightarrow +\infty$，有 Shannon 熵 $S \rightarrow +\infty$，最大 Lyapunov 指数 $\lambda \rightarrow +\infty$，演化取值将充满整个吸引子范围，吸引子没有结构性，演化状态无法预测，MSPL 系统转变为噪声系统。$k=1$，4，128，$+\infty$ 时系统的比较如表 6-5 所示，可以看出系统由混沌逐渐转变为噪声。

表 4-5　k 取不同值 MSPL 系统的特点

k 的取值	Shannon 熵	最大 Lyapunov 指数	吸引子	系统确定性	系统类型
$k=1$	很小	0.693	有一定的结构	具有确定性	混沌
$k=4$	较小	2.08	有一定的结构	具有确定性	混沌
$k=128$	较大	5.55	结构性比较弱	具有确定性	混沌,具有弱结构性
$k \rightarrow +\infty$	$+\infty$	$+\infty$	无结构,杂乱无章	随机,无法确定	噪声

4.3.2　MSPL 序列统计特性

不失一般性，取 $h=1$，$\xi=0.0001$，$k=128$，把系统(4-1)式产生的 MSPL 序列看成随机序列。

显然其二阶矩 $E[x^2(n)] < +\infty$。我们用系统(4-1)产生长度 $N=100000$ 的序列，在中间以随机起始点截取长度 $N_s=5000$ 连续的一段，计算其均值 $E[x(n)]$ 和自相关函数 $R(n, n+m)$。重复截取了 $M=5000$ 次作计算，得到基本相同的均值和自相关函数，每次得到的均值接近为 0，每次得到的自相关函数均与图 4-7 基本相同。表明其与截取的起始时刻无关，即均值和自相关函数与 n 无关。因此，系统(4-1)式产生的序列具有平稳性，可以把均值记为 m_x，自相关函数记为 $R_x(m)$。

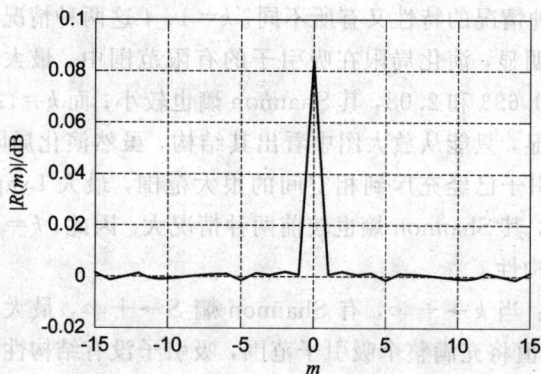

图 4-7 $k=128$ 的 MSPL 序列的自相关函数

为确定其遍历性，我们先用系统(4-1)式产生长度 $N=100000$ 的序列，作出其分布直方图，如图 4-8(a)所示。接着以$(-0.5,0.5)$区间均匀分布的随机数为初值，产生长度 $N=150$ 的序列，取其 $n=100$ 位置的状态 $x(100)$，共作 $M=100000$ 次，以每次的 $x(100)$ 作分布直方图，如图 4-8(b)所示。可见这两种方法得到的分布是基本相同的，即其时间分布与统计分布相同，因此，可以认为系统(4-1)式产生的 MSPL 序列具有遍历性。

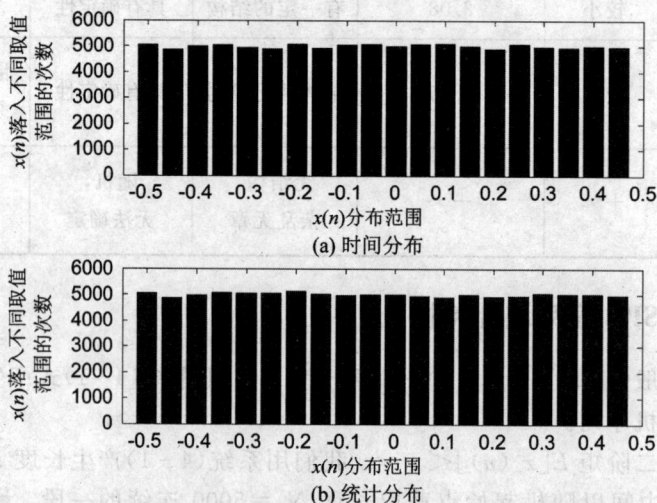

图 4-8 $k=128$ 的 MSPL 序列的分布

4.3.3 本身的自相关特性

取 $k=128$，用系统(4-1)产生长度 $N=2000$ 的 MSPL 序列，其自相关函数的模如图 4-7 所示，可见其具有窄主峰和低副瓣的特点。

为了比较其性能，我们用 $k=128$ 的 MSPL 序列与常用的其他混沌映射：Bernoulli(即 $k=1$ 的 MSPL)映射、Tent 映射，以及 Logistic 映射作比较。这几种序列都具有平稳性和遍历性，这在文献[65,66]中进行了阐述。

Tent 映射的结构为

$$x(n+1) = a - b \mid x(n) \mid \qquad (4-2)$$

式中：$a \in \mathbf{Z}$，$a > 0$；$b \in \mathbf{Z}$，$0 < b < 2$。不失一般性，本文取其参数为：$a = 1/2$，$b = (2 - 0.0001)$。初值 $x(0) \in [-0.5, 0.5]$，则其混沌吸引子演化范围 $x(n) \in (-0.5, 0.5)$，如图 4-1(a)所示。其相图如图 4-1(b)所示。

Logistic 映射的结构为

$$x(n+1) = b[a^2 - x^2(n)] - a \qquad (4-3)$$

不失一般性，取其参数为：$a = \dfrac{1}{2}$，$b = (4 - 0.01)$，初值 $x(0) \in [-0.5, 0.5]$，则其混沌吸引子演化范围 $x(n) \in (-0.5, 0.5)$，如图 4-2(a)所示。其相图如图 4-2(b)所示。

计算 $k=128$ 的 MSPL 序列、Bernoulli 序列、Tent 序列和 Logistic 序列的均值，其均值都为 0。

我们产生长度 $N=2000$ 的 Bernoulli 序列、Tent 序列和 Logistic 序列，得出其自相关函数的模 $|R(m)|$ 分别如图 4-9(b)、(c)、(d)所示。

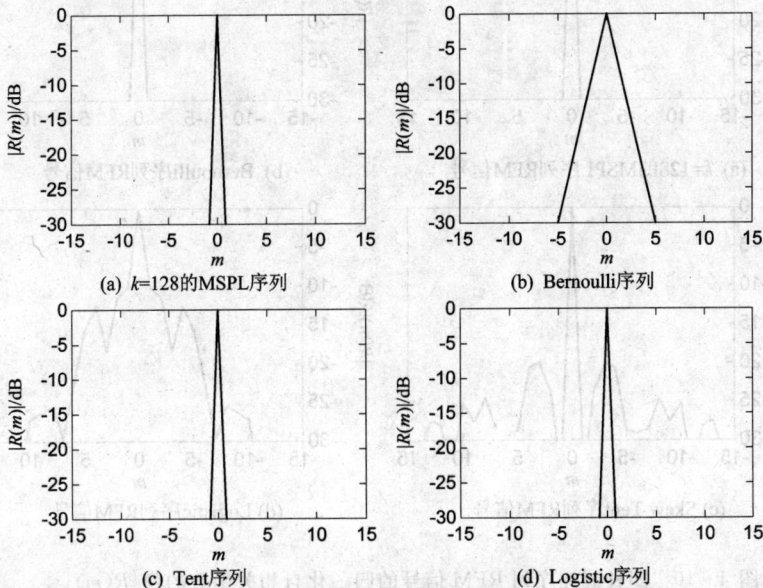

图 4-9 四种噪声源序列的归一化自相关函数的模 $|R(m)|$，副瓣都低于 -30 dB

从图 4-9 可以看出，如前所述，一些混沌序列的自相关特性好，如 $k=128$ 的 MSPL 序列、Tent 序列和 Logistic 序列；一些混沌序列的自相关特性差，如 Bernoulli 序列这会影响它的应用。

4.3.4　调制后的自相关特性

上节我们比较了 $k=128$ 的 MSPL、Bernoulli、Tent、Logistic 四种混沌序列的自相关函数。本节我们以复正弦为载频，简要比较这四种混沌序列在随机频率调制（RFM）[58,65-68]、随机相位调制（RPM）[58,65-68]、随机二相调制（RBPM）[61,63]、随机幅度调制（RAM）[64]这四种调制方式下的自相关函数性能。我们把这些自相关函数放在一起，以便作较全面的比较。

图 4-10 表示在 RFM 下，这四种混沌序列的相关函数情况；

图 4-11 表示在 RPM 下，这四种混沌序列的相关函数情况；

图 4-12 表示在 RBPM 下，这四种混沌序列的相关函数情况；

图 4-13 表示在 RAM 下，这四种混沌序列的相关函数情况。

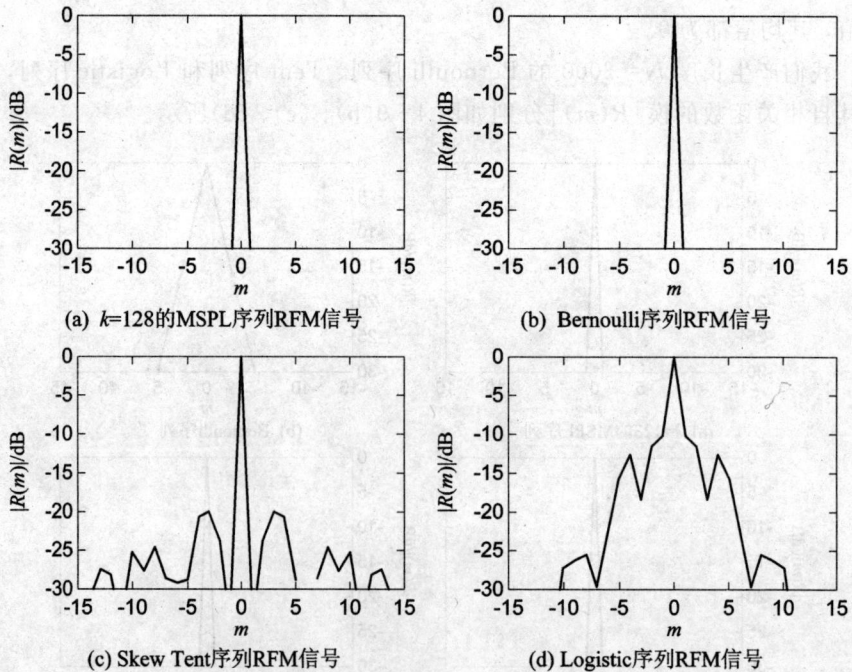

(a) $k=128$的MSPL序列RFM信号　　(b) Bernoulli序列RFM信号

(c) Skew Tent序列RFM信号　　(d) Logistic序列RFM信号

图 4-10　四种混沌序列 RFM 信号的归一化自相关函数的模 $|R(m)|$ ，仅（a）、（b）图的副瓣低于 -30 dB

(a) $k=128$的MSPL序列RPM信号

(b) Bernoulli序列RPM信号

(c) Tent序列RPM信号

(d) Logistic序列RPM信号

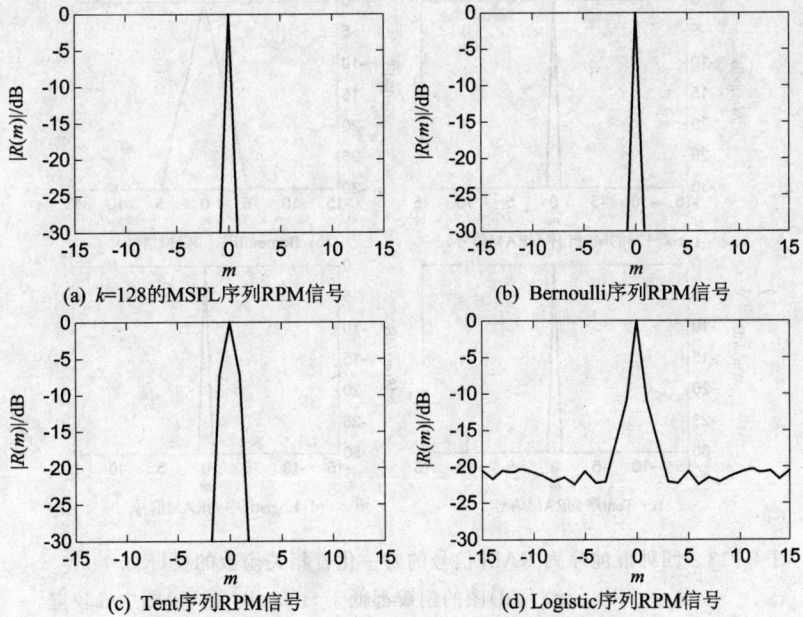

图 4-11 四种混沌序列 RPM 信号的归一化自相关函数的模$|R(m)|$，
(a)、(b)、(c)图的副瓣都低于-30 dB，但(c)图主峰较宽

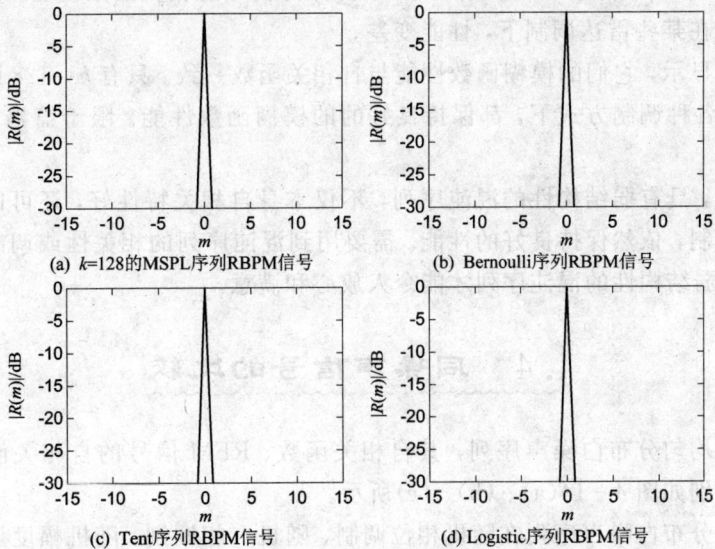

(a) $k=128$的MSPL序列RBPM信号

(b) Bernoulli序列RBPM信号

(c) Tent序列RBPM信号

(d) Logistic序列RBPM信号

图 4-12 四种混沌序列 RBPM 信号的归一化自相关函数的模$|R(m)|$，
(a)、(b)、(c)、(d)图的副瓣都低于-30 dB

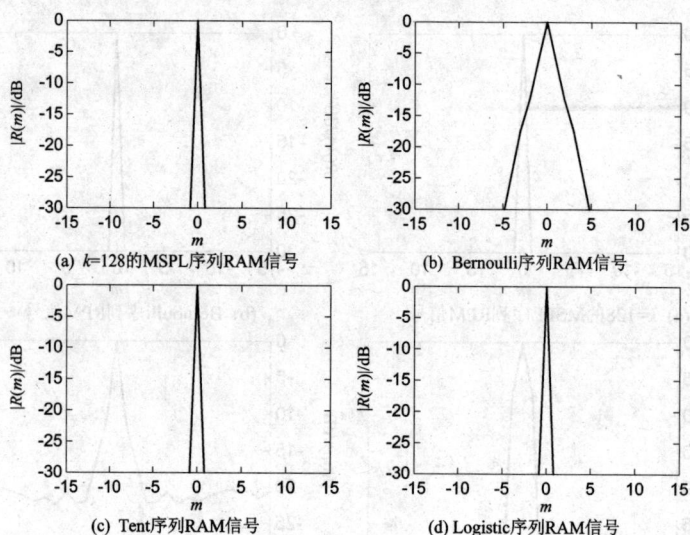

(a) k=128的MSPL序列RAM信号　　(b) Bernoulli序列RAM信号

(c) Tent序列RAM信号　　(d) Logistic序列RAM信号

图 4-13　四种混沌序列 RAM 信号的归一化自相关函数的模|R(m)|，

(a)、(b)、(c)、(d)图的副瓣都低于-30 dB，但(b)图主峰较宽

仿真结果表明，模糊函数性能与相关函数性能一致，这里不赘述。

从图 4-10、4-11、4-12、4-13 可知，这四种混沌序列中，唯有 $k=128$ 的 MSPL 序列，在这四种调制方式下，都保持良好的相关函数性能。其他三种混沌序列在某些雷达调制下，性能变差。

仿真显示，它们的模糊函数性能与自相关函数一致。只有 $k=128$ 的 MSPL 序列，在各种调制方式下，都保持良好的的模糊函数性能。限于篇幅，此处不再赘述。

因此，具有弱结构性的混沌序列，不仅本身自相关特性好，还可以经受各种雷达调制，依然保持良好的性能。需要用到混沌序列的相关性或调制相关性时，具有弱结构性的混沌序列才能令人放心和满意。

4.4　同噪声信号的比较

对于均匀分布白噪声序列，其自相关函数、RFM 信号的自相关函数及模糊函数分别如图 4-14(a)、(b)、(c)所示。

均匀分布白噪声序列在随机相位调制、随机二相调制、随机幅度调制这些调制方式下，同 RFM 调制一样，相关函数和模糊函数性能都很好。

比较图 4-9(a)、4-10(a)、4-11(a)、4-12(a)、4-13(a)和图 4-14 可知，$k=128$ 的 MSPL 混沌序列和均匀分布白噪声序列的性能是相同的，其性能

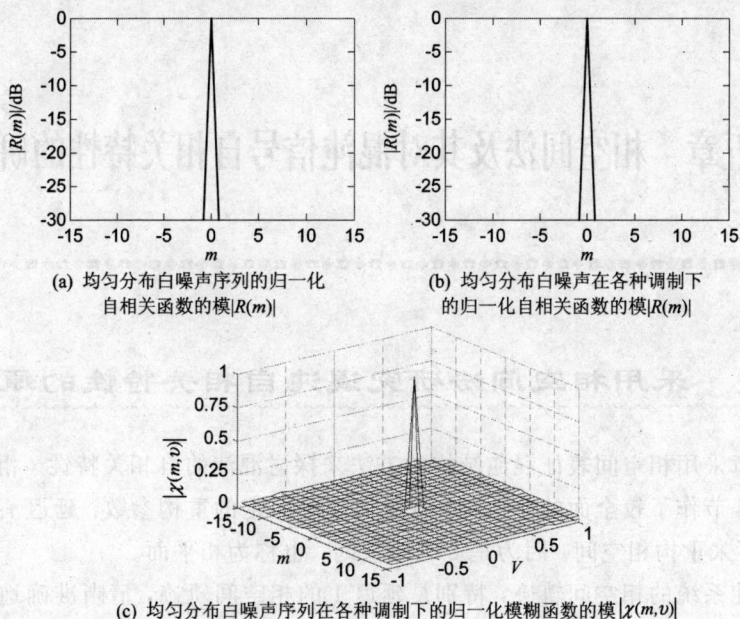

(a) 均匀分布白噪声序列的归一化
自相关函数的模|R(m)|

(b) 均匀分布白噪声在各种调制下
的归一化自相关函数的模|R(m)|

(c) 均匀分布白噪声序列在各种调制下的归一化模糊函数的模|χ(m,υ)|

图 4-14　均匀分布白噪声序列的特性

都很好。实验证实无论是否经过调制，弱结构混沌序列与真正的噪声序列都具有相当的相关性能，可以放心地作为噪声源运用于噪声雷达。并且，弱结构混沌序列还具有可控、易产生和使用的优点，这方面要优于噪声序列。

4.5　弱结构法的意义及存在问题

本章通过比较混沌和噪声的优缺点，提出了混沌序列的弱结构性。具有弱结构性的混沌序列，既有混沌序列的确定性、易用的优点，又有真正噪声序列的优点，不但本身相关性能好，而且可以经受各种雷达调制，依然保持好的相关性和模糊函数性能。用 MSPL 序列对此作了证实。具有弱结构性的混沌序列运用于噪声雷达，不但性能稳定，与高斯噪声的性能相当，可以很好地作为噪声源，并且还具有可控、易产生和使用的优点，综合性能优于真正的噪声序列。

但是，本方法只是从表面上使混沌接近噪声的特点而获得好的自相关特性，但增加了混沌演化的计算复杂程度，也并未从本质上找到它们自相关差异的原因，因此，弱结构法从一定程度上改善了混沌的自相关问题，但缺乏理论论证的支持，也无法确定弱结构法是否是最佳的方法。

我们将在下一章探讨混沌自相关差异的本质原因。

第五章　相空间法及其对混沌信号自相关特性的研究

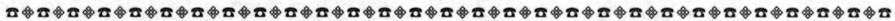

5.1　采用相空间法研究混沌自相关特性的原因

本章采用相空间表征混沌结构的方法来探讨混沌的自相关特性。相空间法已在 1.4 节作了较全面的介绍，本章采用简单固定的重构参数：延迟 $\tau=1$，维数 $m=2$ 来重构相空间。因为是 2 维相空间，也称为相平面。

混沌系统的相空间轨迹，特别是延迟 1 的相空间轨迹，清晰准确地展示出了混沌的内在固有的结构。而内在结构的差异性，正是混沌序列自相关和调制自相关特性千差万别的根本原因。因此，寻找和论证它们之间的固有联系，以及将这些联系有机地结合起来，得出我们希望得到的结论，将是本章研究的内容。

5.2　相空间和自相关的联系及 APAS 定理

5.2.1　相空间和自相关的联系

相空间轨迹同序列自相关联系体现在以下几个方面：

(1) 相空间轨迹完整、直观地表达了混沌系统的映射函数 $f[x(n)]$。

如图 5-1 所示，延迟 1 相图轨迹上的每个点 $[x(n), x(n+1)]$，横坐标表示序列的前一个取值 $x(n)$，纵坐标表示序列的后一个取值 $x(n+1)$，即 $x(n+1)=f[x(n)]$，$f[x(n)]$ 为映射函数。而相图轨迹上的前一个点 $[x(n-1), x(n)]$，纵坐标是当前点的横坐标；后一个点 $[x(n+1), x(n+2)]$，横坐标是当前点的纵坐标。它们间的联系把整个轨迹串联了起来。

因此，相图轨迹的形状，完整、直观地表达了映射函数 $f[x(n)]$，也就是混沌系统的固有内在的结构特性。如：Tent 序列的延迟 1 相图轨迹清晰展示了其映射函数 $f[x(n)]$ 描述的类似帐篷的一种结构，统计上是对于 y 轴轴对

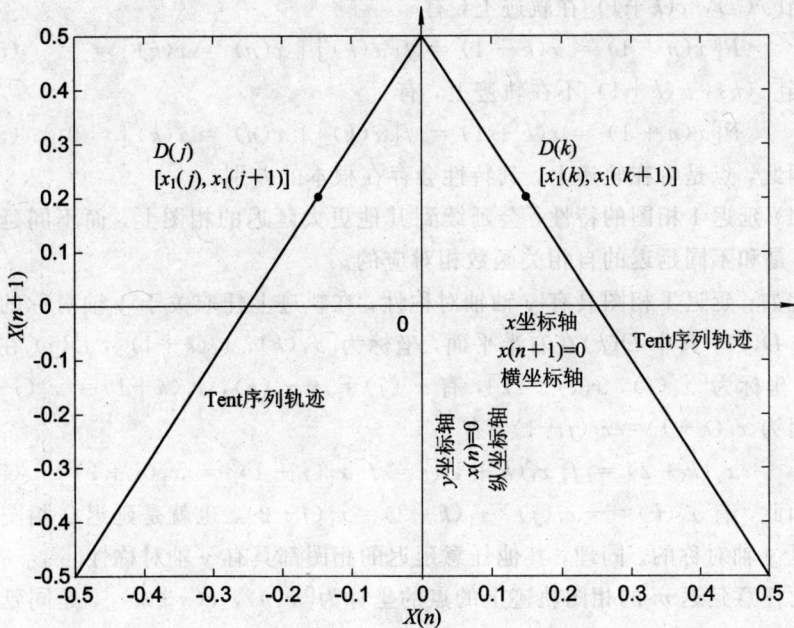

图 5-1 Tent 序列延迟 1 相图

称的。

(2) 相空间轨迹的不同形状,会影响到自相关和调制自相关函数。

比如,对于 y 轴轴对称的轨迹,在轨迹上任取关于 y 轴对称的两点 $D(k)$、$D(j)$,其中 $D(k)$ 在右半平面,坐标为 $[x_1(k), x_1(k+1)]$,$D(j)$ 在左半平面,坐标为 $[x_1(j), x_1(j+1)]$,则 $x_1(j) = -x_1(k)$,$x_1(k+1) = x_1(j+1)$,如图 5-1 所示。令函数 $h(k) = x_1(k)x_1(k+1)$,有

$$h(k) = x_1(k)x_1(k+1) = -[x_1(j)x_1(j+1)] = -h(j) \qquad (5-1)$$

而延迟为 1 的自相关函数的表达式为

$$R(1) = \frac{1}{r(0)} \sum_{n=1}^{N-1} x(n)x(n+1)$$

$$\approx \frac{1}{r(0)} \left\{ \sum_{k=1}^{\text{int}[(N-1)/2]} h(k) + \sum_{j=1}^{\text{int}[(N-1)/2]} h(j) \right\} \approx 0 \qquad (5-2)$$

而其他形状的轨迹,则不一定有 $R(1) = 0$ 这个特性,但会导致自相关和调制自相关函数其他的特性。

(3) 点是否在相图轨迹上,其特性会存在根本的差别。

对相图的任一点 $[x(k), x(k+1)]$,$P[x(n+1) = x(k+1) = f[x(k)] | x(n) = x(k)]$ 表示在 $x(n) = x(k)$ 条件下,$x(n+1) = x(k+1) = f[x(k)]$ 的条件概率。

当[$x(k)$，$x(k+1)$]在轨迹上，有

$$P[x(n+1) = x(k+1) = f[x(k)] \mid x(n) = x(k)] = 1 \quad (5-3)$$

当[$x(k)$，$x(k+1)$]不在轨迹上，有

$$P[x(n+1) = x(k+1) = f[x(k)] \mid x(n) = x(k)] = 0 \quad (5-4)$$

因此，点是否在轨迹上，其特性会存在根本的差别。

(4) 延迟 1 相图的特性，会延续到其他更大延迟的相图上，而不同延迟的相图，是和不同延迟的自相关函数相对应的。

比如：延迟 1 相图具有 y 轴轴对称性，在轨迹上任取关于 y 轴对称的两点 $D(k)$、$D(j)$，其中 $D(k)$ 在右半平面，坐标为[$x_1(k)$，$x_1(k+1)$]，$D(j)$ 在左半平面，坐标为[$x_1(j)$，$x_1(j+1)$]，有 $x_1(j) = -x_1(k)$，$x_1(k+1) = x_1(j+1)$。

因为 $x_1(k+1) = x_1(j+1)$，有

$$x_1(k+2) = f[x_1(k+1)] = f[x_1(j+1)] = x_1(j+2) \quad (5-5)$$

因此，有 $x_1(k) = -x_1(j)$，$x_1(k+2) = x_1(j+2)$，也就是延迟 2 相图轨迹同样是 y 轴对称的。同理，其他任意延迟的相图都具有 y 轴对称性。

而任意延迟 m 的相图轨迹上的点的坐标为[$x(n)$，$x(n+m)$]，是同延迟 m 的自相关函数 $R(m) = \dfrac{1}{r(0)} \sum_{n=1}^{N-m} x(n)x(n+m)$ 相对应的，也是同相应的调制自相关函数相对应的。

因此，分析延迟 1 相图的轨迹特征得出的延迟 1 自相关和调制自相关函数特性，往往可以推广到其他任意延迟的自相关和调制自相关函数，使自相关和调制自相关函数特性的研究变得更简洁明了。

以上列举的联系，对论证 Autocorrelation Phase-space Axial Symmetric (APAS)定理起到了至关重要的作用。

混沌系统的相空间轨迹结构，清晰准确地展示出了混沌的内在固有的结构。而内在结构的差异性，正是紧密联系着混沌序列自相关特性。不同结构的相空间轨迹会导致不同特征的自相关函数。因此，采用相空间方法进行研究是合适的。

5.2.2 APAS 定理

由上述相空间轨迹同混沌序列自相关特性的联系，我们论证得到了以下定理。定理的详细证明请参见参考文献[4,5]。

定理 5.1　对于一个平稳遍历的离散实动力系统

$$x(n+1) = f[x(n)] \quad (5-6)$$

其值域为[$-a$，a]，a 为正实数；$\{x(n)\}$ 的均值为 0，且取值的正负具有统计平

衡性。

由其产生一个长度为 N 的混沌序列 $\{x(n)\}$。若 $\{x(n)\}$ 延迟为 1 的相图轨迹在统计意义上关于纵坐标轴对称，即对任意 $x(n)$，满足 $x(n+1)=f[x(n)]=f[-x(n)]$，如图 5-1 所示，则当 $N \to \infty$ 时，延迟 $m=1$ 的归一化自相关函数 $R(1)=\dfrac{1}{r(0)}\sum\limits_{n=1}^{N-1}x(n)x(n+1)$ 趋于 0。

定理 5.2   对于一个平稳遍历的离散实动力系统

$$x(n+1) = f[x(n)] \tag{5-7}$$

其值域为 $[-a, a]$，a 为正实数；$\{x(n)\}$ 的均值为 0，且取值的正负具有统计平衡性。

由其产生一个长度为 N 的混沌序列 $\{x(n)\}$。若 $\{x(n)\}$ 延迟为 1 的相图轨迹在统计意义上关于横坐标轴对称，即对任意 $x(n)$，满足 $x(n)=f^{-1}[x(n+1)]=f^{-1}[-x(n+1)]$。则当 $N \to \infty$ 时，延迟 $m=1$ 的归一化自相关函数 $R(1)=\dfrac{1}{r(0)}\sum\limits_{n=1}^{N-1}x(n)x(n+1)$ 趋于 0。

结论 5.1   对于一个平稳遍历的离散实动力系统

$$x(n+1) = f[x(n)] \tag{5-8}$$

其值域为 $[-a, a]$，a 为正实数；$\{x(n)\}$ 的均值为 0，且取值的正负具有统计平衡性。

若 $\{x(n)\}$ 延迟为 1 的相图轨迹在统计意义上关于横坐标轴或关于纵坐标轴对称，或关于横、纵坐标轴都对称。则当 $N \to \infty$ 时，延迟 $m=1$ 的归一化自相关函数 $R(1)=\dfrac{1}{r(0)}\sum\limits_{n=1}^{N-1}x(n)x(n+1)$ 趋于 0。

定理 5.3   对于一个平稳遍历的离散实动力系统

$$x(n+1) = f[x(n)] \tag{5-9}$$

其值域为 $[-a, a]$，a 为正实数；$\{x(n)\}$ 的均值为 0，且取值的正负具有统计平衡性。

若 $\{x(n)\}$ 的延迟为 1 的相图轨迹在统计意义上关于横坐标轴或关于纵坐标轴对称，或关于横、纵坐标轴都对称。则 $\{x(n)\}$ 除 0 外的任意延迟的相图轨迹，在统计意义上也关于此坐标轴对称。

结合结论 5.1 及定理 5.3，我们可证得 Autocorrelation of Phase - space Axial Symmetric（APAS）定理。

APAS 定理   对于一个平稳遍历的离散实动力系统

$$x(n+1) = f[x(n)] \tag{5-10}$$

其值域为$[-a, a]$，a为正实数；$\{x(n)\}$的均值为0，且取值的正负具有统计平衡性。

若$\{x(n)\}$延迟为1的相图轨迹在统计意义上关于横坐标轴或关于纵坐标轴对称，或关于横、纵坐标轴都对称，即对任意$x(n)$，满足$x(n+1)=f[x(n)]=f[-x(n)]$，或满足$x(n)=f^{-1}[x(n+1)]=f^{-1}[-x(n+1)]$，或两者都满足。则当$N \to \infty$时，对除0外的任意延迟$m$，其归一化自相关函数$R(m)=\frac{1}{r(0)}\sum_{n=1}^{N-m}x(n)x(n+m)$都趋于0。

APAS定理是针对动力系统而言，但可以推广到其他序列，如噪声序列等。

由APAS定理可知，判断一个取值平衡的序列自相关特性，只需要在其延迟1的2维相图上，检验轨迹对坐标轴的统计对称性，若其关于横或纵坐标轴统计对称，或关于横、纵二坐标轴都统计对称，则其自相关特性好，即具有尖细突出的主峰，没有高的副瓣。

至此，我们了解到：前面提到的混沌序列，延迟1相平面轨迹是轴对称的序列，必然具有特性好的自相关函数；自相关特性差的序列，延迟1相平面轨迹必然不具备轴对称的特点。

可见，由APAS定理，把前面的各种联系有机地串联了起来，得到了我们想要的简单、有效、实用的结论。

5.3 相空间法研究混沌自相关特性的实质和意义

混沌系统的相空间轨迹结构，清晰准确地展示出了混沌的内在固有的结构。而内在结构的差异性，正是紧密联系着混沌序列自相关和调制自相关特性。因此，找到相空间轨迹结构和混沌序列自相关和调制自相关特性的对应关系，就可以判断出哪种结构的混沌序列具有好的自相关特性，也可以判断出自相关特性不好的混沌序列的结构缺点，通过改正这些结构缺点，使原混沌序列的自相关特性得到改善。

第六章　对相空间法得出结论的检验

✦✦

6.1　用各种不同信号进行检验

由 APAS 定理可知，判断一个取值平衡的序列自相关特性，只需要在其延迟 1 的 2 维相图上检验轨迹关于坐标轴的统计对称性，若其关于横或纵坐标轴统计对称，或关于横、纵二坐标轴都统计对称，则其自相关特性好，即具有尖细突出的主峰，没有高的副瓣。

以下我们用多种信号序列对 APAS 定理作了验证，同时，也用 APAS 定理对这些信号序列的自相关特性作了评估。

在以下检验中，如果序列的取值范围不在 $[-0.5, 0.5]$ 内，或均值不为 0，我们将对其取值整体作缩放或平移处理，尽量使其取值范围在 $[-0.5, 0.5]$ 内，均值为 0。缩放和平移过程在下述序列检验中不再提及。

6.1.1　用低维混沌信号检验

1. Tent 序列

Tent 映射的动力方程为

$$x(n+1) = a - b \mid x(n) \mid \tag{6-1}$$

式中：a, b 为正实数，且 $a > 0$；$0 < b < 2$。不失一般性，取其参数为 $a = 1/2$，$b = 2 - 0.0001$。初值 $x(0) \in [-0.5, 0.5]$，为实数，此时状态变量 $x(n)$ 的演化呈混沌状态，演化范围 $x(n) \in (-0.5, 0.5)$，亦为实数，均值为 0。

从图 6-1(a) 系统的演化可知，此时 Tent 系统的演化在混沌态，演化具非周期性，从表面看类似噪声，但其吸引子有规则的几何形状，不是噪声。图 6-1(b) 是 Tent 序列的延迟 1 相图，展示了其混沌吸引子，其轨迹是关于纵坐标轴 $x(n) = 0$ 轴对称的，满足 APAS 定理的条件，因此其归一化自相关函数具有好的特性，即主峰尖细突出，没有明显的副瓣，如图 6-1(c) 所示，同 APAS 定理相符。

(a) Tent序列的演化取值   (b) Tent序列的延迟1相图

(c) Tent序列的归一化自相关函数

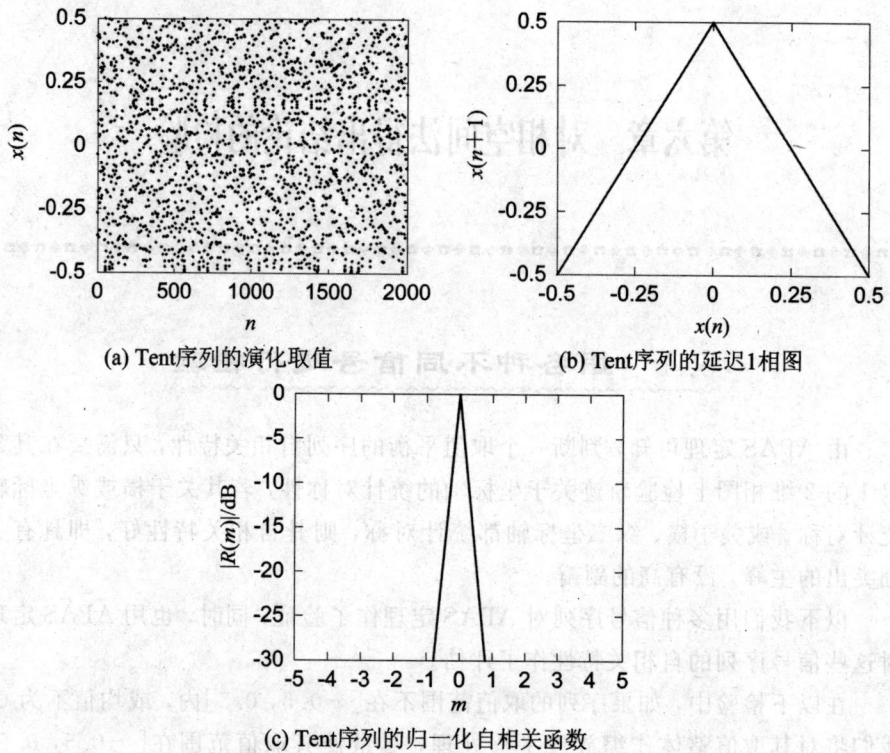

图 6-1   Tent 序列的演化、相图和归一化自相关函数

2. Bernoulli 序列

Bernoulli 映射的结构为

$$\begin{cases} x(n+1) = bx(n) + a, & x(n) < 0 \\ x(n+1) = bx(n) - a, & x(n) > 0 \end{cases} \tag{6-2}$$

式中：$a \in \mathbf{Z}$，$a > 0$；$b \in \mathbf{Z}$，$b > 0$。不失一般性，取其参数为 $a = 1/2$，$b = 2 - 0.0001$。初值 $x(0) = \in [-0.5, 0.5]$，则其混沌吸引子演化范围 $x(n) \in (-0.5, 0.5)$。

从图 6-2(a) 系统的演化可知，此时 Bernoulli 系统的演化在混沌态，演化具非周期性，从表面看类似噪声，但其吸引子有规则的几何形状，不是噪声。图 6-2(b) 是 Bernoulli 序列的延迟 1 相图，展示了其混沌吸引子，其轨迹不是轴对称的，不满足 APAS 定理的条件，因此其归一化自相关函数具有不好的特性，主峰粗大，下降速度比较慢，如图 6-2(c) 所示，同 APAS 定理相符。

(a) Bernoulli序列的演化取值

(b) Bernoulli序列的延迟1相图

(c) Bernoulli序列的归一化自相关函数

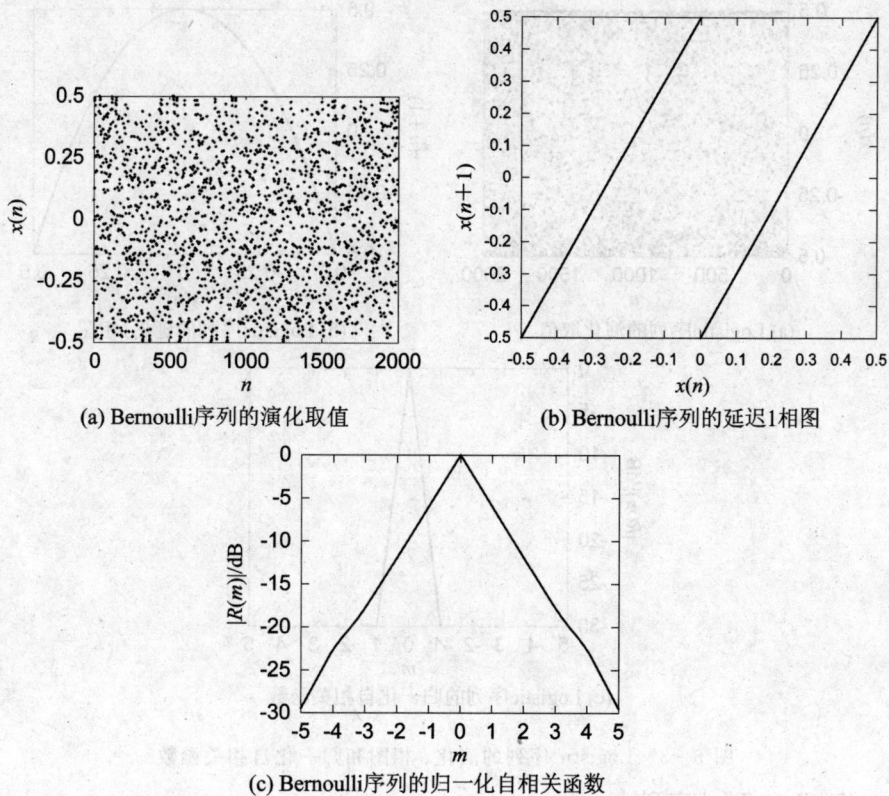

图 6-2 Bernoulli 序列的演化、相图和归一化自相关函数

3. Logistic 序列

Logistic 映射的结构为

$$x(n+1) = b[a^2 - x^2(n)] - a \qquad (6-3)$$

不失一般性，取其参数为：$a=1/2$，$b=(4-0.01)$，初值 $x(0)=\in[-0.5, 0.5]$，则其混沌吸引子演化范围 $x(n)\in(-0.5, 0.5)$。

从图 6-3(a)系统的演化可知，此时 Logistic 系统的演化在混沌态，演化具非周期性，从表面看类似噪声，但其吸引子有规则的几何形状，不是噪声。图 6-3(b)是 Logistic 序列的延迟 1 相图，展示了其混沌吸引子，其轨迹是关于纵坐标轴 $x(n)=0$ 轴对称的，满足 APAS 定理的条件，因此其归一化自相关函数具有好的特性，即主峰尖细突出，没有明显的副瓣，如图 6-3(c)所示，同 APAS 定理相符。

(a) Logistic序列的演化取值

(b) Logistic序列的延迟1相图

(c) Logistic序列的归一化自相关函数

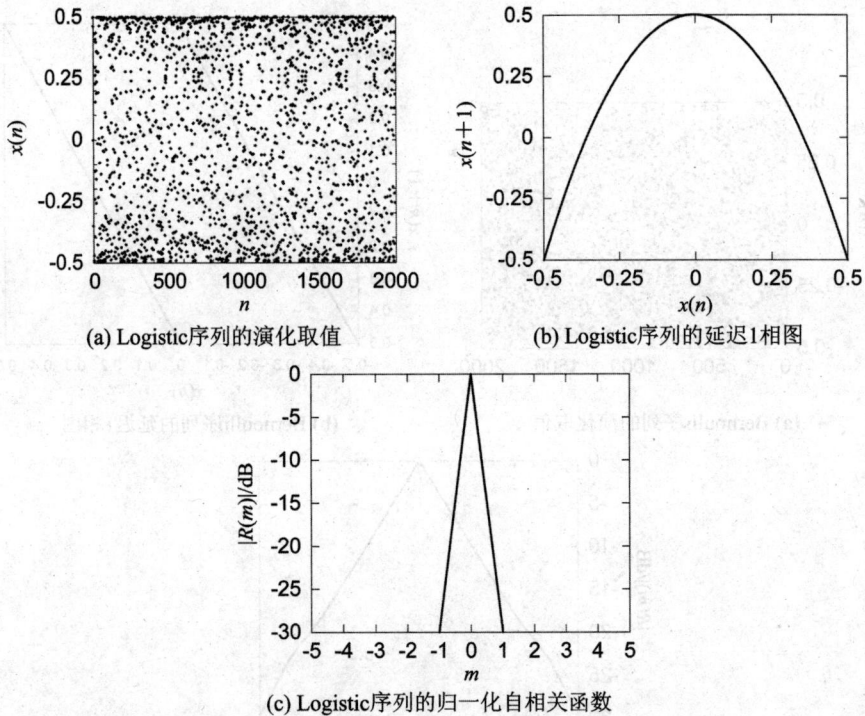

图 6-3　Logistic 序列的演化、相图和归一化自相关函数

4. Skew Tent 序列

最近学术界研究比较多的 Skew Tent 序列，其动力方程为

$$
\begin{cases}
y(n+1) = \dfrac{y(n)}{a}, & \text{if } x(n) \in (0, a] \\[2mm]
y(n+1) = \dfrac{y(n)-1}{a-1}, & \text{if } x(n) \in (a, 1] \\[2mm]
x(n+1) = y(n+1) - 0.5
\end{cases}
\tag{6-4}
$$

其中：$x(n) \in \mathbf{R}$ 是状态变量，满足 $x(n) \in [-0.5, 0.5]$。a 是其参数，是正数，满足 $a \in (0, 1)$。

从图 6-4(a)、(e)、(g)系统的演化可知，此时 Skew Tent 系统的演化在混沌态，演化具非周期性，从表面看类似噪声，但其吸引子有规则的几何形状，不是噪声。图 6-4(b)、(d)、(h)是 Skew Tent 序列的延迟 1 相图，展示了其混沌吸引子，其轨迹不是轴对称的，可以调整参数来改变其轨迹偏斜程度。从图 6-4(c)、(f)、(i)可知，其自相关函数特性不好，主峰比较粗，并且轨迹越偏斜就越不具有轴对称性，自相关函数特性就越差，同 APAS 定理相符。

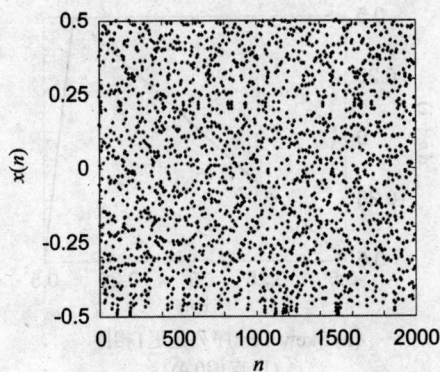

(a) Skew Tent序列的演化取值(顶点偏0.1)

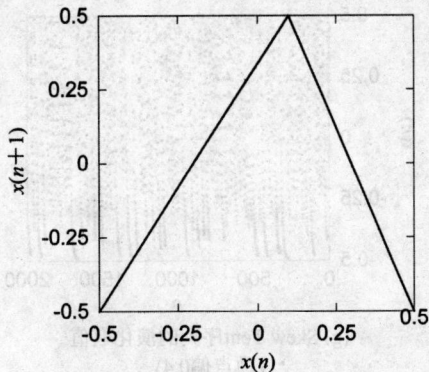

(b) Skew Tent序列延迟1相图(顶点偏0.1)

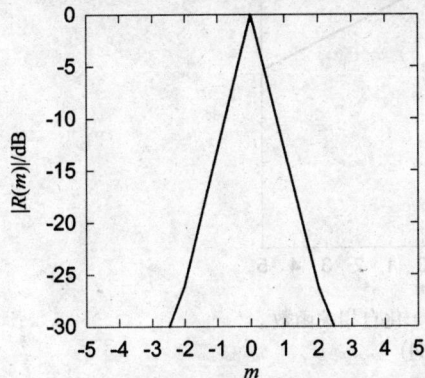

(c) Skew Tent序列的归一化自相关函数
(顶点偏0.1)

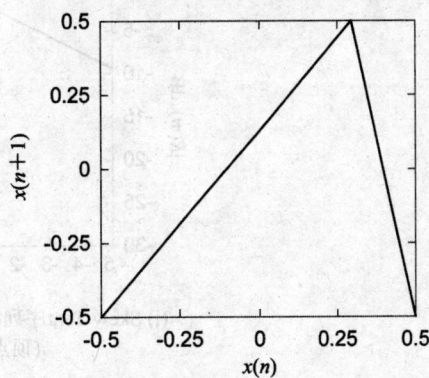

(d) Skew Tent序列的演化取值(顶点偏0.3)

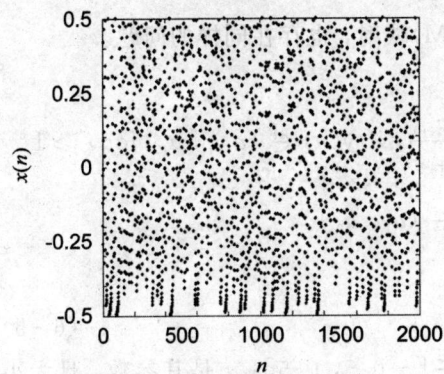

(e) Skew Tent序列延迟1相图(顶点偏0.3)

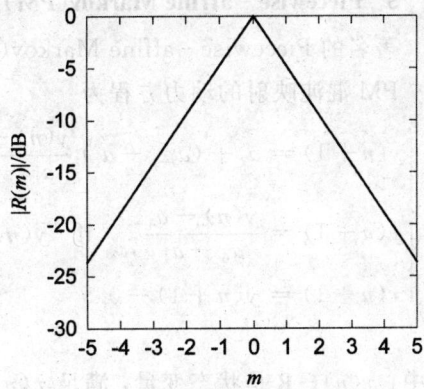

(f) Skew Tent序列的归一化自相关函数
(顶点偏0.3)

图 6-4　不同倾斜度的 Skew Tent 映射的演化、相图和归一化自相关函数(1)

(g) Skew Tent序列的演化取值
(顶点偏0.4)

(h) Skew Tent序列延迟1相图
(顶点偏0.4)

(i) Skew Tent序列的归一化自相关函数
(顶点偏0.4)

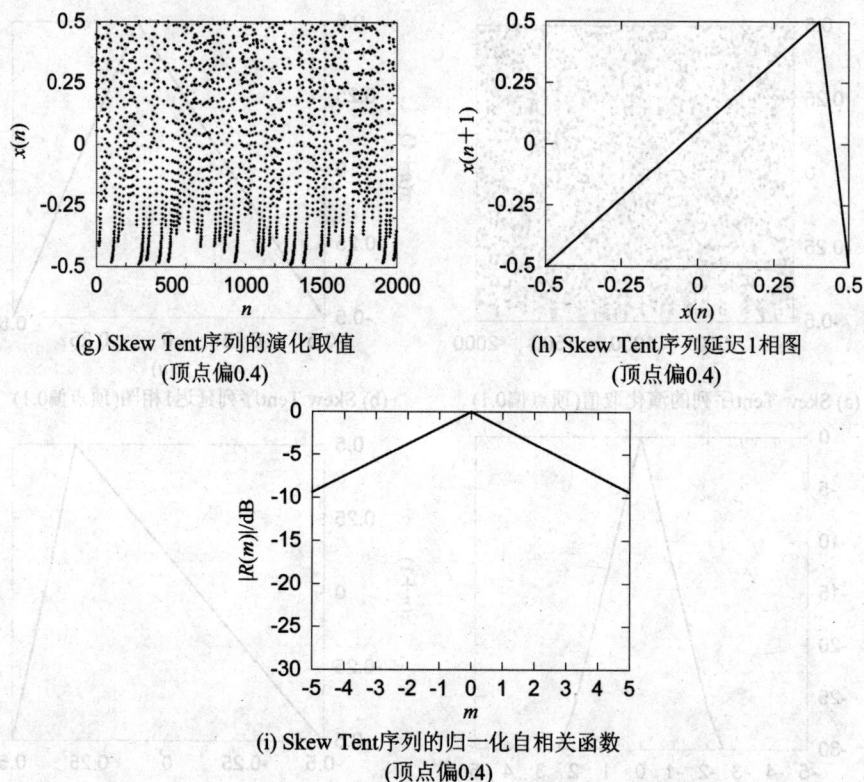

图 6 - 4　不同倾斜度的 Skew Tent 映射的演化、相图和归一化自相关函数(2)

5. Piecewise - affine Markov(PM)序列

著名的 Piecewise - affine Markov(PM)映射，也存在同样的问题。

PM 混沌映射的动力方程为

$$
\begin{cases}
y(n+1) = a_i + (a_{i-1} - a_i) \dfrac{y(n) - a_{i+1}}{a_i - a_{i+1}}, \text{ if } y(n) \in (a_{i+1},\ a_i] \text{ for } i \geqslant 1 \\[2mm]
y(n+1) = \dfrac{y(n) - a_1}{a_0 - a_1}, \quad \text{if } \quad y(n) \in (a_1,\ a_0] \\[2mm]
x(n+1) = y(n+1) - 0.5
\end{cases}
$$

$$(6-5)$$

其中：$x(n) \in \mathbf{R}$ 是状态变量，满足 $x(n) \in [-0.5,\ 0.5]$；a_i 是其参数，且为小于 1 的正数，满足 $1 = a_0 > a_1 > a_2 > \cdots$，并且 $\lim\limits_{i \to \infty} a_i = 0$。

从图 6 - 5(a)系统的演化可知，此时 PM 系统的演化在混沌态，演化具非周期性，从表面看类似噪声，但其吸引子有规则的几何形状，不是噪声。图

6-5(b)是 PM 序列的延迟 1 相图，展示了其混沌吸引子，其轨迹不是关于轴对称的，不满足 APAS 定理的条件，因此其归一化自相关函数具有不好的特性，主峰粗大，下降速度比较慢，如图 6-5(c)所示，同 APAS 定理相符。

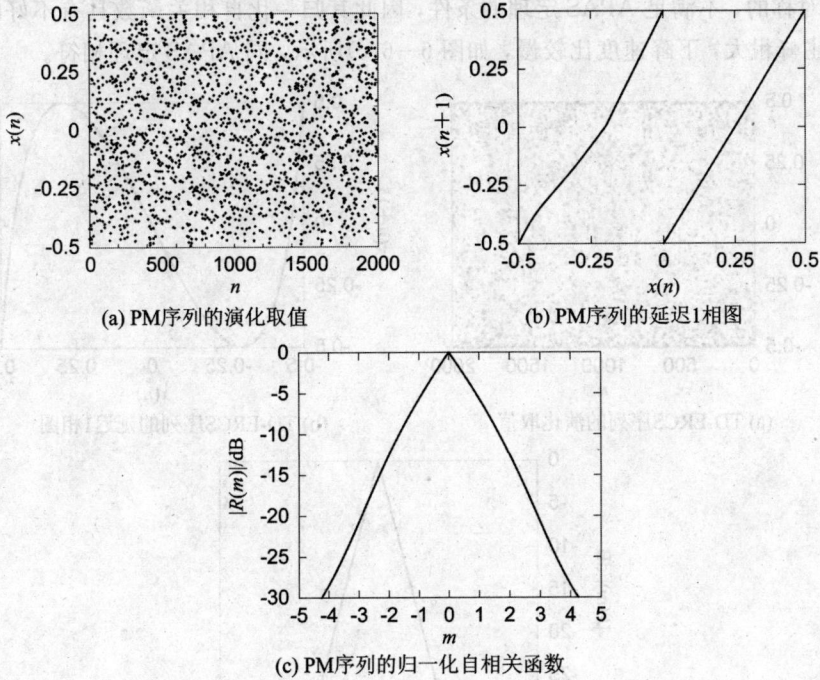

(a) PM序列的演化取值

(b) PM序列的延迟1相图

(c) PM序列的归一化自相关函数

图 6-5 PM 序列的演化、相图和归一化自相关函数

6. TD-ERCS 序列

TD-ERCS 映射的动力方程为

$$
\begin{cases}
x(n) = -\dfrac{2k(n-1)y(n-1) + x(n-1)\left[u^2 - k(n-1)^2\right]}{u^2 + k(n-1)^2} \\[2mm]
k(n) = \dfrac{2kc(n) - k(n-1) + k(n-1)kc(n)^2}{1 + 2k(n-1)kc(n) - kc(n)^2} \\[2mm]
kc(n) = -\dfrac{x(n-m)}{y(n-m)}u^2 \\[2mm]
y(n) = k(n-1)\left[x(n) - x(n-1)\right] + y(n-1)
\end{cases}
\tag{6-6}
$$

其中：$x(n) \in \mathbf{R}$ 是状态变量；u，m 是系统参数，当 u，m 在合适的范围内取值，比如 $u = 0.7123$，$m = 1$，$x(n)$ 在混沌态演化，满足 $x(n) \in [-0.5, 0.5]$。选择合适的初值 $x(0)$，$y(0)$，$k(0)$ 和 $kc(0)$，我们能得到确定的混沌序列 $x(n)$。初值和参数的选择不同，我们可以得到不同的混沌序列。

从图 6-6(a)系统的演化可知，此时 TD-ERCS 系统的演化在混沌态，演化具非周期性，从表面看类似噪声，但其吸引子有规则的几何形状，不是噪声。图 6-6(b)是 TD-ERCS 序列的延迟 1 相图，展示了其混沌吸引子，其轨迹不是关于轴对称的，不满足 APAS 定理的条件，因此其归一化自相关函数具有不好的特性，主峰粗大，下降速度比较慢，如图 6-6(c)所示，同 APAS 定理相符。

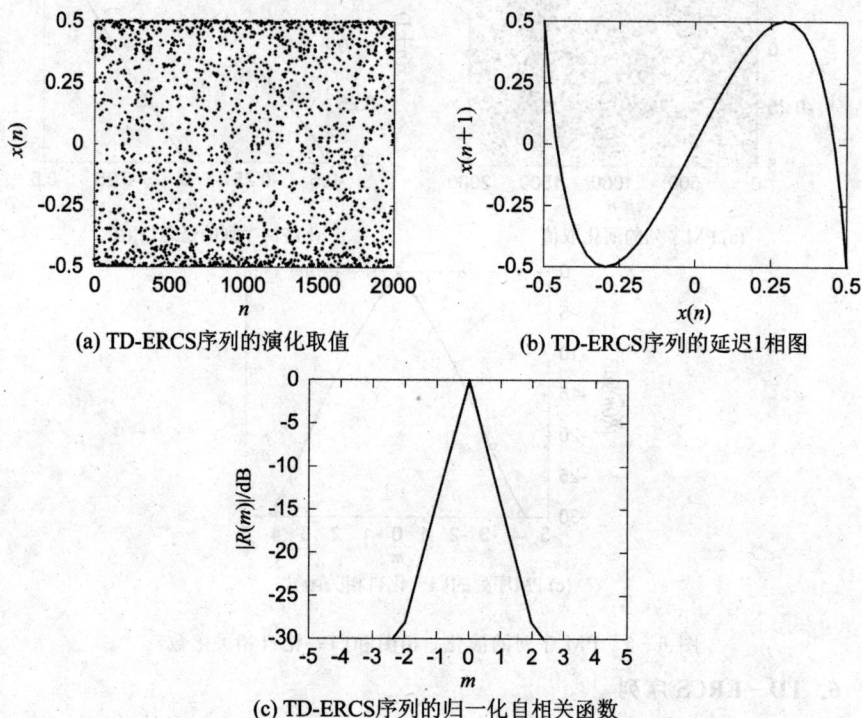

(a) TD-ERCS序列的演化取值

(b) TD-ERCS序列的延迟1相图

(c) TD-ERCS序列的归一化自相关函数

图 6-6 TD-ERCS 序列的演化、相图和归一化自相关函数

7. Henon 序列

Henon 映射的动力方程为

$$\begin{cases} x(n+1) = y(n) + 1 - ax(n)^2 \\ y(n+1) = bx(n) \end{cases} \tag{6-7}$$

其中：$x(n) \in \mathbf{R}$ 是状态变量；a, b 是系统参数，且为正数，当 a, b 在合适的范围内取值，比如 $a = 1.4$，$b = 0.3$，$x(n)$ 在混沌态演化，满足 $x(n) \in [-0.5, 0.5]$。选择合适的初值 $x(0)$，$y(0)$，我们能得到确定的混沌序列 $x(n)$。初值和参数的选择不同，我们可以得到不同的混沌序列。

从图 6-7(a)系统的演化可知，此时 Henon 系统的演化在混沌态，演化具非周期性，从表面看类似噪声，但其吸引子有规则的几何形状，不是噪声。图

6-7(b)是 Henon 序列的延迟 1 相图，展示了其混沌吸引子，其轨迹不是轴对称的，不满足 APAS 定理的条件，因此其归一化自相关函数具有不好的特性，主峰粗大，下降速度比较慢，有突出副瓣，如图 6-7(c)所示，同 APAS 定理相符。

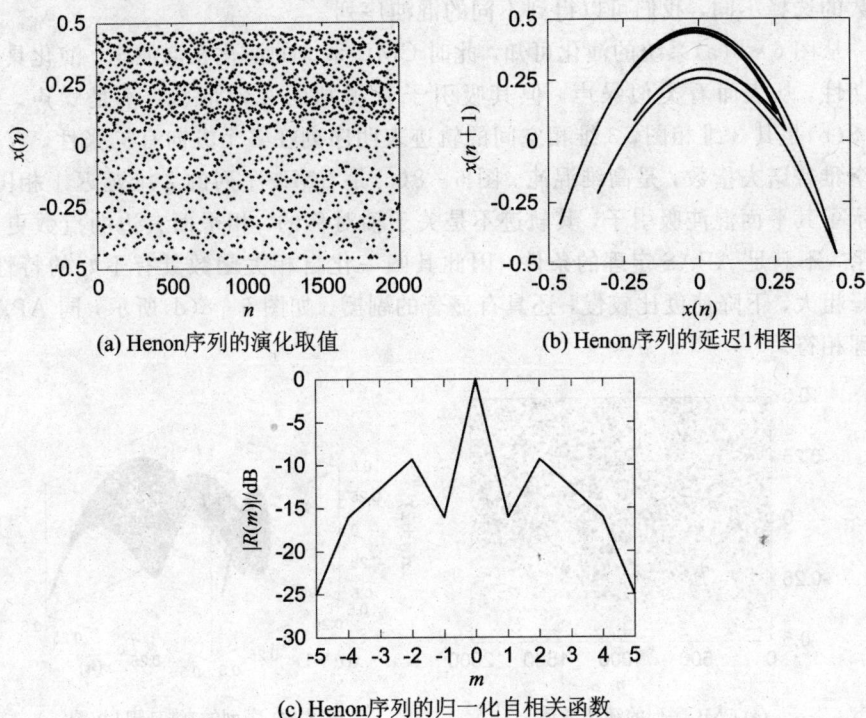

(a) Henon 序列的演化取值

(b) Henon 序列的延迟 1 相图

(c) Henon 序列的归一化自相关函数

图 6-7　Henon 序列的演化、相图和归一化自相关函数

6.1.2　用高维混沌信号检验

高维的混沌序列，在不止一个方向上具有大于 0 的李雅普诺夫指数，也就是在多个方向具有扩张特性，因此，比低维的混沌系统具有更高复杂性和保密性，得到了更广泛的应用。

虽然 2 维相图不能完全展示高维混沌的结构，但展示 2 维相图是否具有轴对称性是没有问题的，因此，用 2 维相图判断高维混沌甚至更复杂的序列的自相关特性是足够的。

1. CML 序列

CML 映射的动力方程为

$$\begin{cases} x(n+1) = 1 - a[x^2(n) + y^2(n)] \\ y(n+1) = -2a(1-2b)x(n)y(n) \end{cases} \tag{6-8}$$

其中：$x(n)\in \mathbf{R}$ 是状态变量；a,b 是系统参数，且为正数，当 a,b 在合适的范围内取值，比如 $a=1.95$，$b=0.01$，$x(n)$ 在混沌态演化，满足 $x(n)\in[-0.5,0.5]$。选择合适的初值 $x(0)$，$y(0)$，我们能得到确定的混沌序列 $x(n)$。初值和参数的选择不同，我们可以得到不同的混沌序列。

从图 6-8(a) 系统的演化可知，此时 CML 系统的演化在混沌态，演化具非周期性，从表面看类似噪声，但其吸引子有规则的几何形状，不是噪声。图 6-8(b) 是其 3 维相图，3 维相空间的轨迹表明序列在多个方向有扩张性，有正的李雅普诺夫指数，是高维混沌。图 6-8(c) 是 CML 序列的 2 维延迟 1 相图，展示了其平面混沌吸引子，其轨迹不是关于轴对称的，相平面右边的点数更多更密，不满足 APAS 定理的条件，因此其归一化自相关函数具有不好的特性，主峰粗大，下降速度比较慢，还具有显著的副瓣，如图 6-8(d) 所示，同 APAS 定理相符。

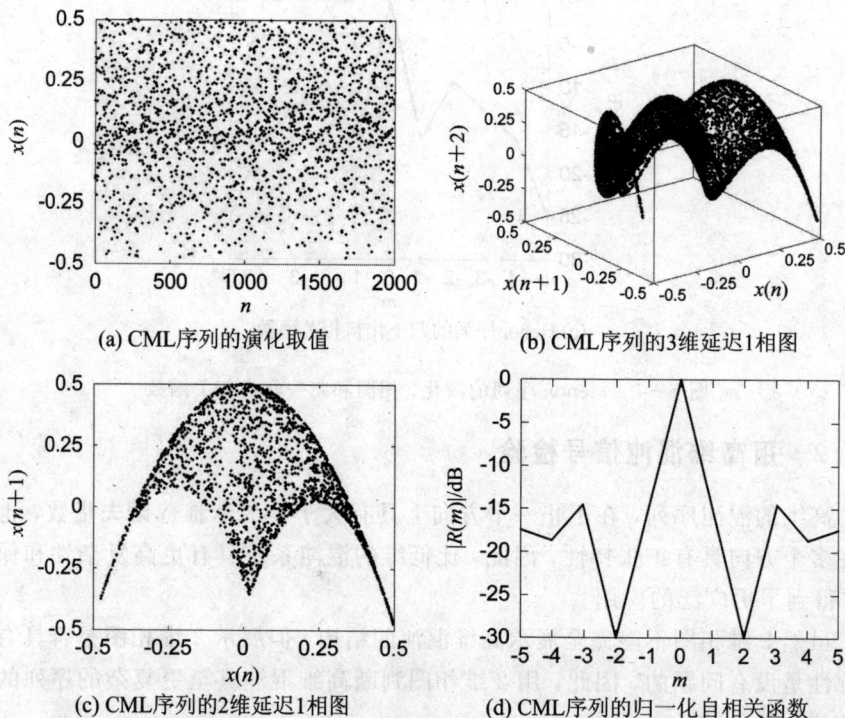

(a) CML序列的演化取值　　(b) CML序列的3维延迟1相图

(c) CML序列的2维延迟1相图　　(d) CML序列的归一化自相关函数

图 6-8　CML 序列的演化、相图和归一化自相关函数

2. Hopfield 序列

Hopfield 映射的动力方程为

$$\begin{cases} x(n+1) = 10\tanh[ay(n)]\exp[-y(n)] \\ y(n+1) = 10\tanh[x(n)]\exp[-bx(n)] \end{cases} \qquad (6-9)$$

其中：$x(n)\in\mathbf{R}$ 是状态变量；a,b 是系统参数，且为正数，当 a,b 在合适的范围内取值，比如 $a=1.2$，$b=1.5$，$x(n)$ 在混沌态演化，满足 $x(n)\in[-0.5,0.5]$。选择合适的初值 $x(0)$，$y(0)$，我们能得到确定的混沌序列 $x(n)$。初值和参数的选择不同，我们可以得到不同的混沌序列。

从图 6-9(a) 系统的演化可知，此时 Hopfield 系统的演化在混沌态，演化具非周期性，从表面看类似噪声，但其吸引子有规则的几何形状，不是噪声。图 6-9(b) 是其 3 维相图，3 维相空间的轨迹表明序列在多个方向有扩张性，有正的李雅普诺夫指数，是高维混沌。图 6-9(c) 是 Hopfield 序列的 2 维延迟 1 相图，展示了其平面混沌吸引子，其轨迹不是关于轴对称的，相平面右上方的点数更多更密，不满足 APAS 定理的条件，因此其归一化自相关函数具有不好的特性，具有显著的副瓣，如图 6-9(d) 所示，同 APAS 定理相符。

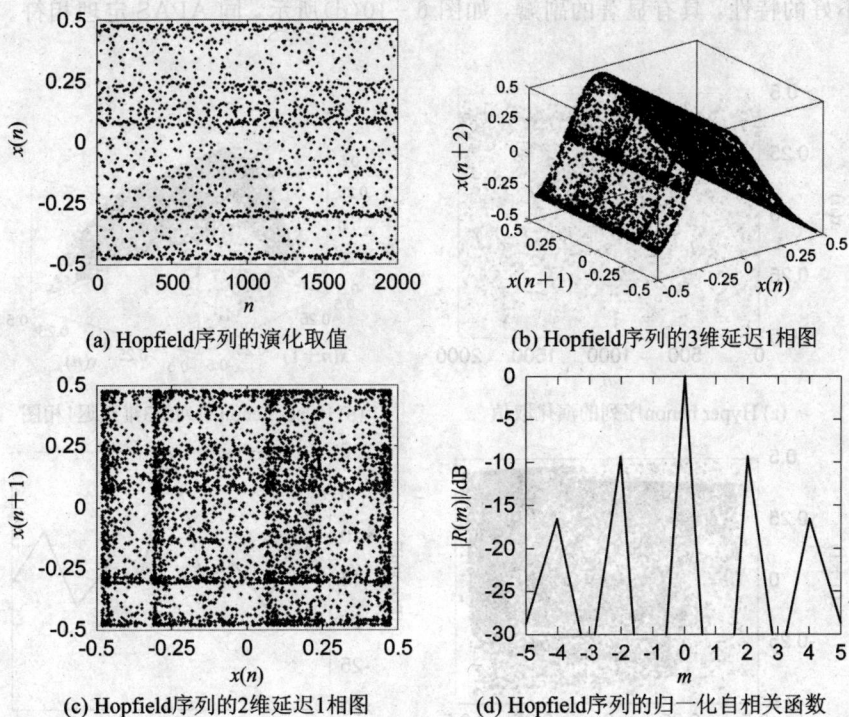

(a) Hopfield序列的演化取值

(b) Hopfield序列的3维延迟1相图

(c) Hopfield序列的2维延迟1相图

(d) Hopfield序列的归一化自相关函数

图 6-9 Hopfield 序列的演化、相图和归一化自相关函数

3. Hyper henon 序列

Hyper henon 映射的动力方程为

$$\begin{cases} x(n+1) = a - y(n)^2 - bz(n) \\ y(n+1) = x(n) \\ z(n+1) = y(n) \end{cases} \qquad (6-10)$$

其中：$x(n) \in \mathbf{R}$ 是状态变量；a，b 是系统参数，且为正数，当 a，b 在合适的范围内取值，比如 $a=1.76$，$b=0.1$，$x(n)$ 在混沌态演化，满足 $x(n) \in [-0.5, 0.5]$。选择合适的初值 $x(0)$、$y(0)$、$z(0)$，我们能得到确定的混沌序列 $x(n)$。初值和参数的选择不同，我们可以得到不同的混沌序列。

从图 6-10(a) 系统的演化可知，此时 Hyper henon 系统的演化在混沌态，演化具非周期性，从表面看类似噪声，但其吸引子有规则的几何形状，不是噪声。图 6-10(b) 是其 3 维相图，3 维相空间的轨迹表明序列在多个方向有扩张性，有正的李雅普诺夫指数，是高维混沌。图 6-10(c) 是 Hyper henon 序列的 2 维延迟 1 相图，展示了其平面混沌吸引子，其轨迹不是轴对称的，相平面右上方的点数更多更密，不满足 APAS 定理的条件，因此其归一化自相关函数具有不好的特性，具有显著的副瓣，如图 6-10(d) 所示，同 APAS 定理相符。

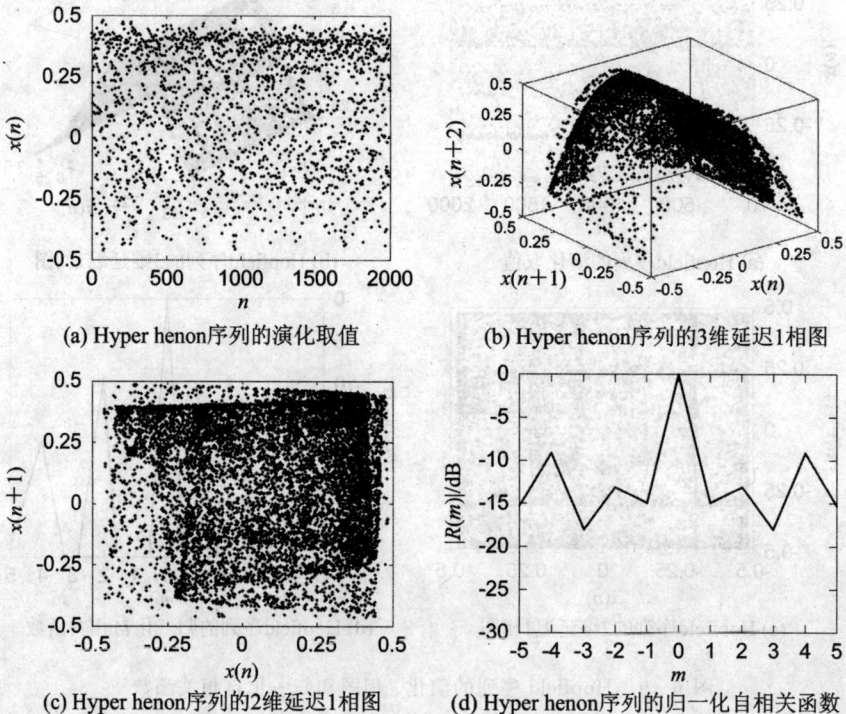

(a) Hyper henon 序列的演化取值

(b) Hyper henon 序列的 3 维延迟 1 相图

(c) Hyper henon 序列的 2 维延迟 1 相图

(d) Hyper henon 序列的归一化自相关函数

图 6-10 Hyper henon 序列的演化、相图和归一化自相关函数

4. Kawakami 序列

Kawakami 映射的动力方程为

$$\begin{cases} x(n+1) = -ax(n) + y(n) \\ y(n+1) = x(n)^2 - b \end{cases} \qquad (6-11)$$

其中：$x(n) \in \mathbf{R}$ 是状态变量；a, b 是系统参数，且为正数，当 a, b 在合适的范围内取值，比如 $a=0.1$，$b=1.6$，$x(n)$ 在混沌态演化，满足 $x(n) \in [-0.5, 0.5]$。选择合适的初值 $x(0)$，$y(0)$，我们能得到确定的混沌序列 $x(n)$。初值和参数的选择不同，我们可以得到不同的混沌序列。

从图 6-11(a)系统的演化可知，此时 Kawakami 系统的演化在混沌态，演化具非周期性，从表面看类似噪声，但其吸引子有规则的几何形状，不是噪声。图 6-11(b)是其 3 维相图，3 维相空间的轨迹表明序列在多个方向有扩张性，有正的李雅普诺夫指数，是高维混沌。图 6-11(c)是 Kawakami 序列的 2 维延迟 1 相图，展示了其平面混沌吸引子，其轨迹不是关于轴对称的，相平面左下方的点数更多更密，不满足 APAS 定理的条件，因此其归一化自相关函数具有不好的特性，具有显著的副瓣，如图 6-11(d)所示，同 APAS 定理相符。

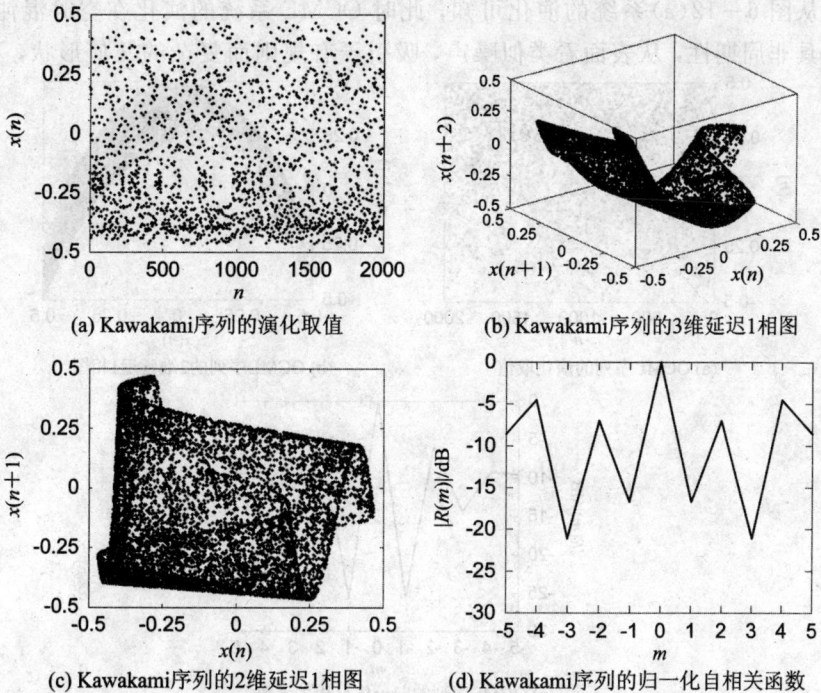

(a) Kawakami序列的演化取值

(b) Kawakami序列的3维延迟1相图

(c) Kawakami序列的2维延迟1相图

(d) Kawakami序列的归一化自相关函数

图 6-11 Kawakami 序列的演化、相图和归一化自相关函数

6.1.3 用空时混沌信号检验

空时混沌系统，其演化在空间和时间上都有耦合，行为表现出很大复杂性，得到了广泛的应用。基于 Logistic 映射的 OCML 映射的动力方程为

$$\begin{cases} x[i,(n+1)] = (1-\xi)f[x(i,n)] + \xi f\{x[(i-1),n]\} \\ f[x(i,n)] = b[a^2 - x(i,n)^2] - a \\ i = 1, 2, \cdots, L \\ n = 1, 2, \cdots, N \end{cases}$$

(6-12)

其中：$x(i,n) \in \mathbf{R}$ 是状态变量；$f(x)$ 是 Logistic 映射；a, b, ξ, k 是系统参数；L 是空时系统的尺度；N 是序列的长度。当 a, b, ξ 在合适的范围内取值，比如 $a=0.5$，$b=3.9998$，$\xi=0.3$，$x(i,n)$ 在空时混沌态演化。任意选择 $i=k$，比如 $i=k=10$，选择合适的初值 $x(i,0)$，我们能得到确定的具有空时混沌特性的序列 $x(n)$，满足 $x(n) \in [-0.5, 0.5]$。初值和参数的选择不同，我们可以得到不同的混沌序列。

从图 6-12(a) 系统的演化可知，此时 OCML 系统的演化在空时混沌态，演化具非周期性，从表面看类似噪声，吸引子有规则而复杂的几何形状，不是

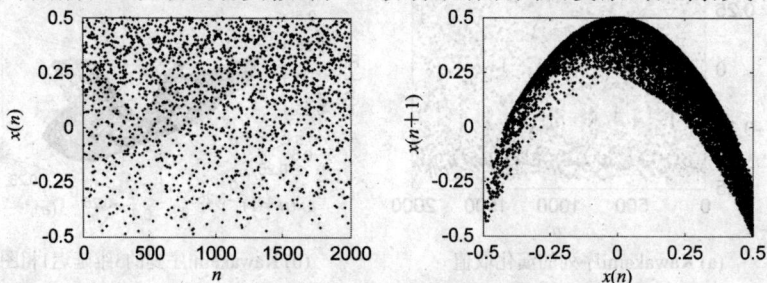

(a) OCML序列的演化取值

(b) OCML序列的2维延迟1相图

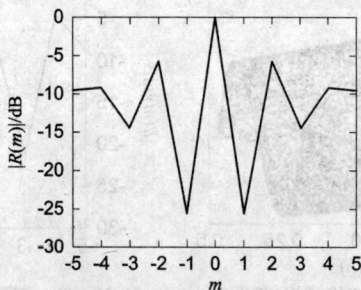

(c) OCML序列的归一化自相关函数

图 6-12　OCML 序列的演化、相图和归一化自相关函数

噪声。图 6-12(b)是 OCML 序列的延迟 1 相图，展示了其混沌吸引子，其轨迹不是关于轴对称的，相平面的右边点数更多更密，不满足 APAS 定理的条件，因此其归一化自相关函数具有不好的特性，具有显著的副瓣，如图 6-12(c)所示，同 APAS 定理相符。

6.1.4　用噪声信号检验

APAS 定理是针对动力系统而言，但可以推广到其他序列，如对噪声序列等，APAS 定理同样适用。

对于噪声序列，如：均值为 0 的均匀分布和高斯分布的白噪声序列，其延迟 1 的相图杂乱无章，但恰好满足关于横、纵二坐标轴统计对称的条件，如图 6-13(a)、(b)所示。我们作出上述噪声的归一化自相关函数，如图 6-13(c)所示，性能很好，与 APAS 定理相符。

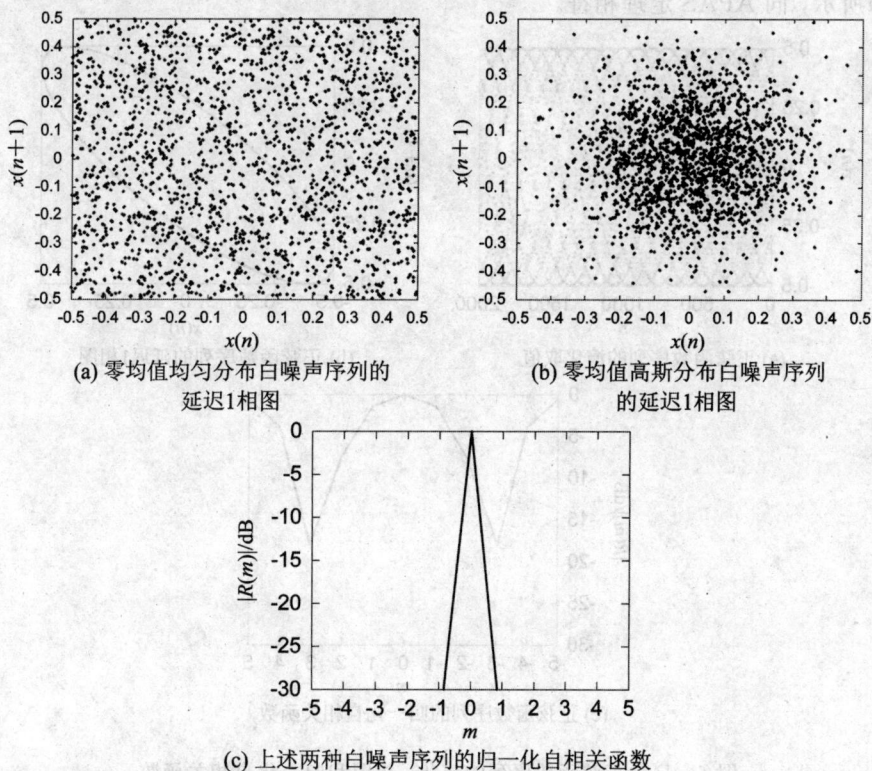

(a) 零均值均匀分布白噪声序列的
延迟1相图

(b) 零均值高斯分布白噪声序列
的延迟1相图

(c) 上述两种白噪声序列的归一化自相关函数

图 6-13　零均值高斯分布、均匀分布白噪声的相空间轨迹和归一化自相关函数

6.1.5 用其他信号检验

我们随便选择了一个不是混沌的信号来检验，比如：用常见的正弦信号作为动力系统的函数，其动力方程为

$$x(n+1) = 0.5 \sin\left[\left(\frac{2\pi}{a}\right)x(n)\right] \qquad (6-13)$$

其中：$x(n) \in \mathbf{R}$ 是状态变量；a 是系统参数，且为正数，任意选择 a 和初值 $x(0)$，比如 $a=11.111$，$x(0)=0$，我们能得到确定的序列 $x(n)$。初值和参数的选择不同，我们可以得到不同的序列。我们暂且称之为正弦函数序列。

图 6-14(a)是系统的演化状态。图 6-14(b)是正弦函数序列的延迟 1 相图，其轨迹不是轴对称的，不满足 APAS 定理的条件，因此其归一化自相关函数具有不好的特性，主峰粗大，下降速度比较慢，而且有突出副瓣，如图 6-14(c)所示，同 APAS 定理相符。

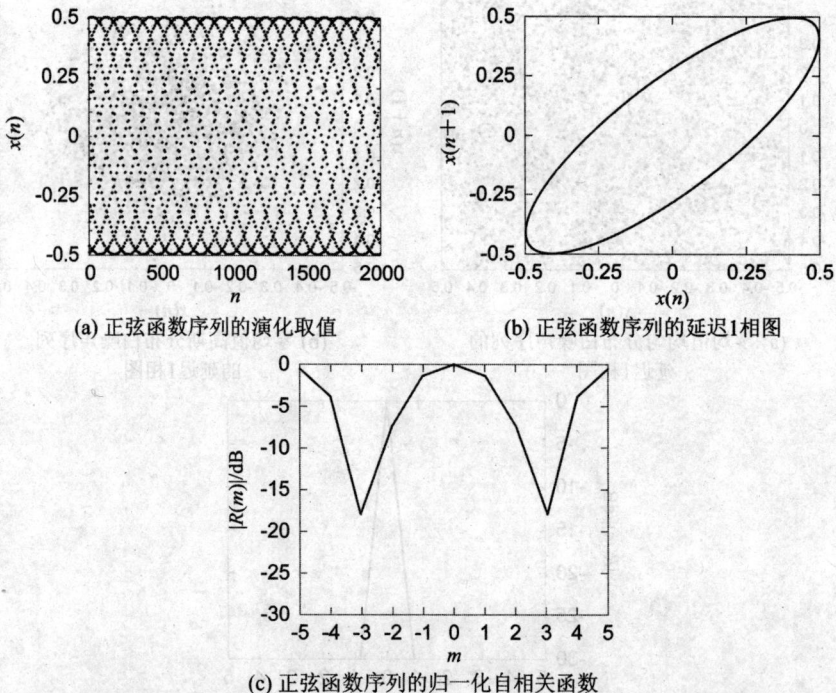

(a) 正弦函数序列的演化取值

(b) 正弦函数序列的延迟1相图

(c) 正弦函数序列的归一化自相关函数

图 6-14 正弦函数序列的演化、相图和归一化自相关函数

6.1.6 用弱结构混沌信号检验

我们检验前面提到的 $k=128$ 的 MSPL 弱结构混沌序列。

图 6-15(a)是 $k=128$ 的 MSPL 弱结构混沌序列的延迟 1 相图，虽然严格说来其轨迹带有微小的非轴对称因素，但其轨迹几乎充满了整个相平面，上下左右各处点的密度基本相同，可以认为基本上是轴对称的，满足 APAS 定理的条件，因此其归一化自相关函数具有好的特性，主峰尖细突出，没有突出的副瓣，如图 6-15(b)所示，同 APAS 定理相符。

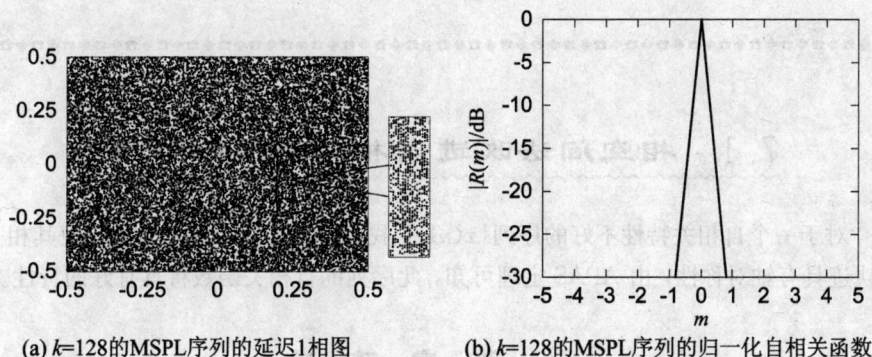

(a) $k=128$ 的 MSPL 序列的延迟1相图　　　(b) $k=128$ 的 MSPL 序列的归一化自相关函数

图 6-15　$k=128$ 的 MSPL 序列的相图和归一化自相关函数

因此，用 APAS 定理可以解释 $k=128$ 的 MSPL 弱结构混沌序列具有好的自相关特性。

6.2　本章小结

本章采用了大量混沌序列，以及其他序列，对 APAS 定理进行了验证；另一方面，也可视为用 APAS 定理对这些时间序列的自相关特性进行了测验。仿真结果证实了 APAS 定理的正确性。我们现在可以根据 APAS 定理来判断一个序列的自相关特性的好坏，还可以根据 APAS 定理指出一个自相关特性不好的序列的相空间结构缺点，改正这些缺点，即可以把差的自相关特性变为好的自相关特性。

第七章 相空间法对混沌信号自相关特性的改进

■□

7.1 相空间法改进自相关特性的机理

对于一个自相关特性不好的序列$\{x(n)\}$，我们可以采用一定的方法，使其相空间轨迹具有轴对称性，由 APAS 定理可知，此序列的自相关函数将具有好的特性。

7.2 改 良 方 法

使相空间轨迹具有轴对称性的方法有很多，以下列举两种简单的方法：

(1) 通过一定算法，对序列$\{x(n)\}$轨迹在坐标轴方向压缩，再以另一个坐标轴为轴作轴对称镜像，则我们可以得到轴对称的轨迹。我们对 Skew Tent 映射作上述处理，先压缩至一半，如图 7-1(b)所示。再镜像复制，得到一个完整的相图，如图 7-1(c)所示。可见 Skew Tent 序列经处理后，延迟 1 相图具有轴对称性，如图 7-1(c)所示。因此，其归一化自相关函数具有好的特性，如图 7-1(d)所示。

(2) 序列的取值按 0.5 的概率反号，可以得到轨迹轴对称的序列。这个 0.5 概率可以用确定的伪随机序列来产生，则得到的轴对称的序列还是一个确定的序列。

我们仍然对 Skew Tent 映射作上述处理，用二值化的 Tent 序列作为 0.5 的概率函数，得到的轴对称的序列依然是一个确定的序列。

$$
\begin{cases}
y(n+1) = \dfrac{y(n)}{a}, & \text{if } x_1(n) \in (0, a] \\[2mm]
y(n+1) = \dfrac{y(n)-1}{a-1}, & \text{if } x_1(n) \in (a, 1] \\[2mm]
x_1(n+1) = y(n+1) - 0.5 \\[1mm]
u(n+1) = c - d\,|u(n)| \\[1mm]
x(n+1) = hx_1(n+1), & \text{if } u(n+1) \geqslant 0 \\[1mm]
x(n+1) = -hx_1(n+1), & \text{if } u(n+1) < 0
\end{cases}
\tag{7-1}
$$

(a) Skew Tent映射延迟1相图

(b) 相图轨迹压缩至一半

(c) Skew Tent序列处理后的相图

(d) Skew Tent序列处理后的归一化自相关函数

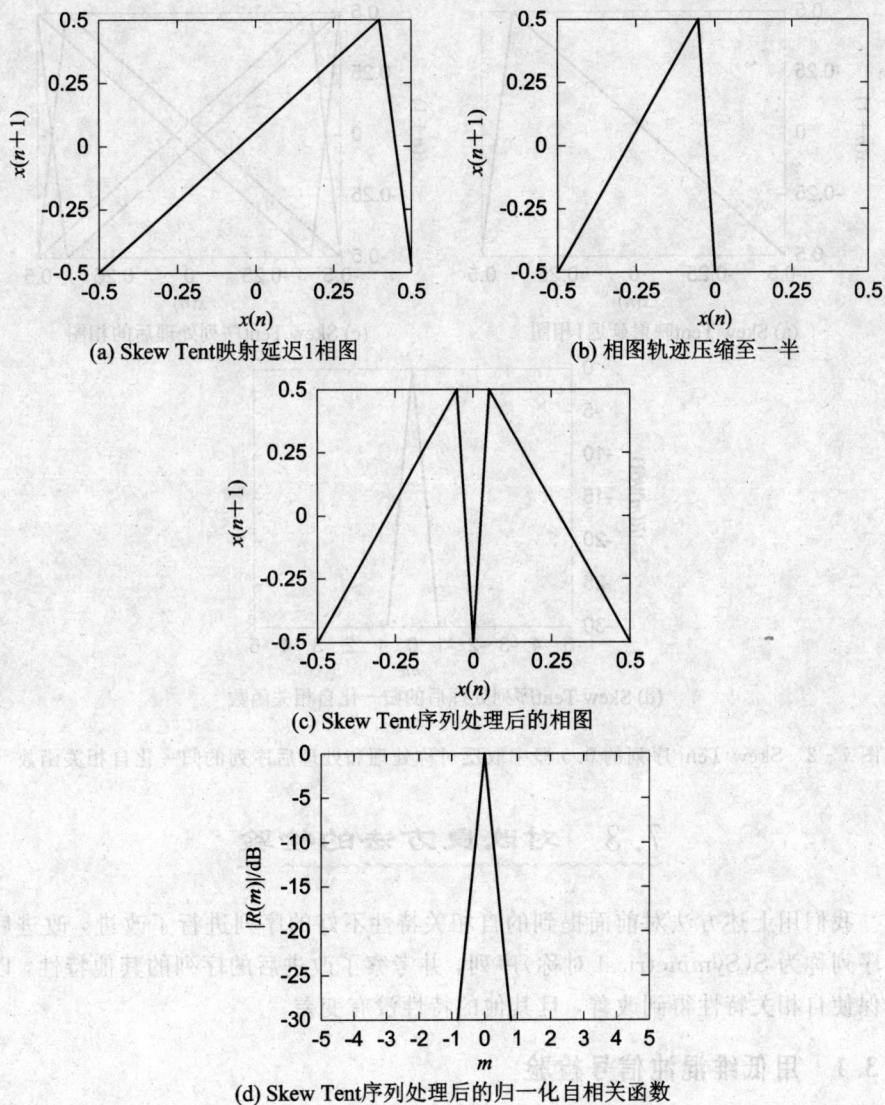

图 7-1   Skew Tent 序列的压缩、镜像对称处理和处理后序列的归一化自相关函数

可见 Skew Tent 序列经上述处理后，延迟 1 相图具有轴对称性，如图 7-2 (b)所示。因此，其归一化自相关函数具有好的特性，如图 7-2(c)所示。

用上述两种方法处理后的序列，其相空间轨迹都具有轴对称性，由 APAS 定理可知，序列的自相关函数具有好的特性，实际的仿真也对此作了证实。

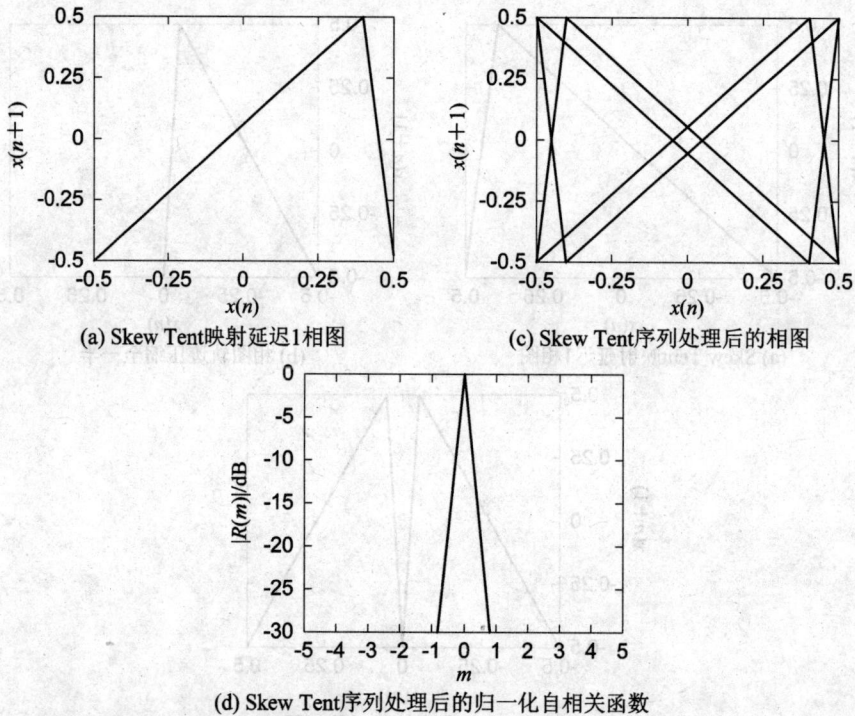

(a) Skew Tent映射延迟1相图

(c) Skew Tent序列处理后的相图

(d) Skew Tent序列处理后的归一化自相关函数

图 7-2　Skew Tent 序列的 0.5 概率取反对称处理和处理后序列的归一化自相关函数

7.3　对改良方法的检验

我们用上述方法对前面提到的自相关特性不好的序列进行了改进，改进后的序列称为 S(Symmetrical 对称)序列，并考察了改进后的序列的其他特性，以确保使自相关特性得到改善，且其他的特性没有变差。

7.3.1　用低维混沌信号检验

1. 改良 Bernoulli 序列

我们称改良后的 Bernoulli 序列为 S(Symmetrical 对称)- Bernoulli 序列，S - Bernoulli 的动力方程为

$$\begin{cases} x(n+1) = (4-\xi)x(n)+1.5, & \text{if } -1/2 \leqslant x(n) < -1/4 \\ x(n+1) = (4-\xi)x(n)+0.5, & \text{if } -1/4 \leqslant x(n) < 0 \\ x(n+1) = -(4-\xi)x(n)+0.5, & \text{if } 0 \leqslant x(n) < 1/4 \\ x(n+1) = -(4-\xi)x(n)+1.5, & \text{if } 1/4 \leqslant x(n) < 1/2 \end{cases} \quad (7-2)$$

其中：$x(n) \in \mathbf{R}$ 是状态变量；ζ 是系统参数，是正数，当 ζ 在合适的范围内取值，$x(n)$ 在混沌态演化，满足 $x(n) \in [-0.5, 0.5]$。选择合适的初值 $x(0)$，我们能得到确定的混沌序列 $x(n)$。初值和参数的选择不同，我们可以得到不同的混沌序列。

从图 7-3(a) 系统的演化可知，此时 S-Bernoulli 系统的演化在混沌态，演化具非周期性，从表面看类似噪声，但其吸引子有规则的几何形状，不是噪声。图 7-3(b) 是 S-Bernoulli 序列的延迟 1 相图，展示了其混沌吸引子，其轨迹是关于纵轴对称的，满足 APAS 定理的条件，因此其归一化自相关函数具有好的特性，即主峰尖细突出，没有明显的副瓣，如图 7-3(c) 所示，同 APAS 定理相符，也验证了把 Bernoulli 序列改为 S-Bernoulli 序列改善了自相关函数，改良是有效的。

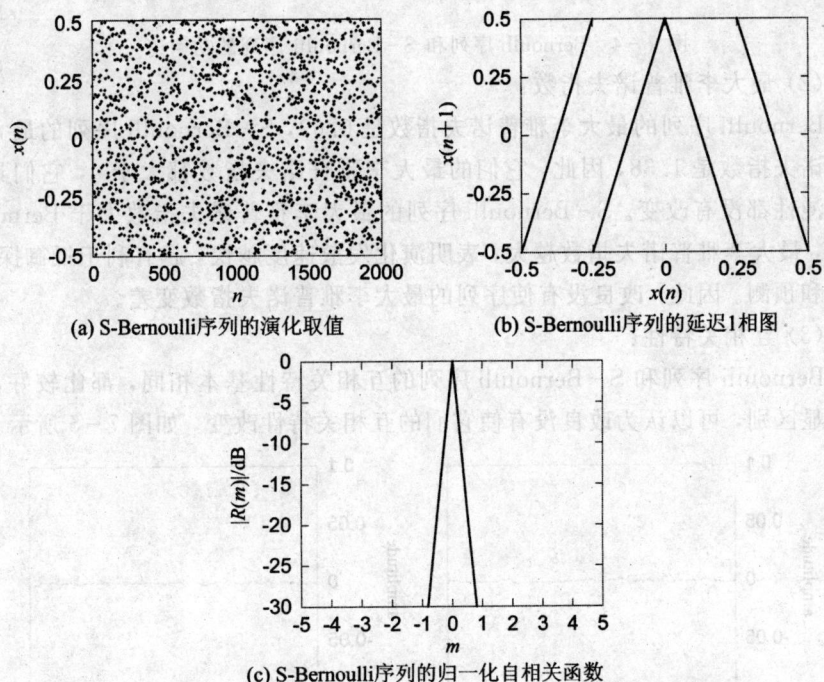

(a) S-Bernoulli序列的演化取值 (b) S-Bernoulli序列的延迟1相图

(c) S-Bernoulli序列的归一化自相关函数

图 7-3 S-Bernoulli 序列的演化、相图和归一化自相关函数

改良了 Bernoulli 序列的自相关特性后，我们再来考察 S-Bernoulli 序列的其他特性。

(1) 功率谱：

我们一般希望混沌序列的功率谱是平坦的，像噪声一样，有利于抵御探测、分析和预测。Bernoulli 序列由于糟糕的自相关特性，经过傅立叶变换后得

到的功率谱不是平坦的，在 0 频附近有很多突出的峰，功率谱的特性差，如图
7-4(a)所示。S-Bernoulli 序列则相反，自相关特性好，带来了功率谱的好特性，
其功率谱平坦，没有明显的峰，如图 7-4(b)所示。因此，功率谱也得到了改善。

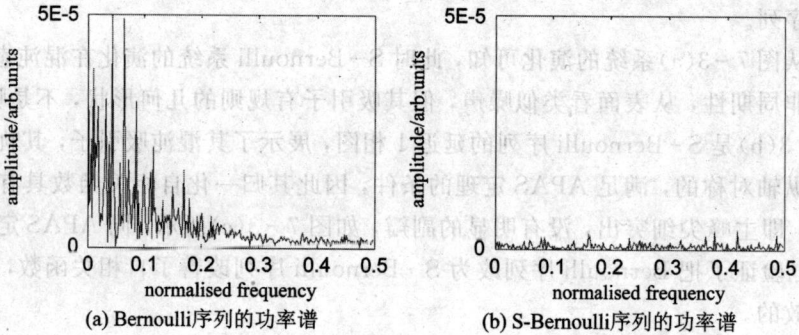

(a) Bernoulli序列的功率谱   (b) S-Bernoulli序列的功率谱

图 7-4 Bernoulli 序列和 S-Bernoulli 序列的功率谱

（2）最大李雅普诺夫指数：

Bernoulli 序列的最大李雅普诺夫指数是 0.69，S-Bernoulli 序列的最大李
雅普诺夫指数是 1.38，因此，它们的最大李雅普诺夫指数都大于 0，它们具有
的混沌性都没有改变。S-Bernoulli 序列的最大李雅普诺夫指数大于 Bernoulli
序列，最大李雅普诺夫指数越大，表明演化发散速度越快，越有利于抵御探测、
分析和预测。因此，改良没有使序列的最大李雅普诺夫指数变差。

（3）互相关特性：

Bernoulli 序列和 S-Bernoulli 序列的互相关特性基本相同，都比较好，没
有明显区别，可以认为改良没有使它们的互相关特性改变，如图 7-5 所示。

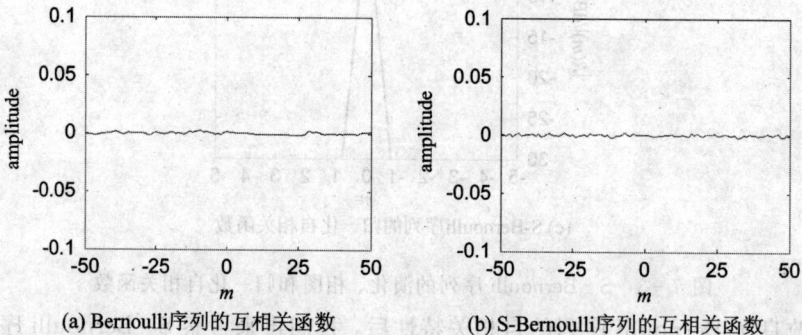

(a) Bernoulli序列的互相关函数   (b) S-Bernoulli序列的互相关函数

图 7-5 Bernoulli 和 S-Bernoulli 序列的互相关函数

因此，改良没有使序列的诸如功率谱、混沌性、最大李雅普诺夫指数特性
以及互相关特性等其他特性变差。

综上所述，把 Bernoulli 序列改良为 S-Bernoulli 序列，既使其自相关特性得到了改善，又没有使其他特性变差，因此，改良是有效的。

2. 改良 Skew Tent 序列

我们按第一种方法改良 Skew Tent 序列，称改良后的序列为 S-Skew Tent 序列。

从图 7-6(a)、(d)、(g)系统的演化可知，此时 S-Skew Tent 系统的演化在混沌态，演化具非周期性，从表面看类似噪声，但其吸引子有规则的几何形状，不是噪声。图 7-6(b)、(e)、(h)分别是顶点偏离中心位置 0.1、0.3、0.4 的 S-Skew Tent 序列的延迟 1 相图，展示了其混沌吸引子，无论顶点偏离中心位置多少的 S-Skew Tent 序列，其轨迹都是关于轴对称的，满足 APAS 定理的条件，因此其归一化自相关函数都具有好的特性，即主峰尖细突出，没有明显的副瓣，如图 7-6(c)、(f)、(i)所示，同 APAS 定理相符。可见把 Skew Tent 改为 S-Skew Tent 序列，使其序列的自相关特性不再同其顶点偏离中心位置多少相关，无论偏离多少，自相关特性都变得很好，因此，改良是有效的。

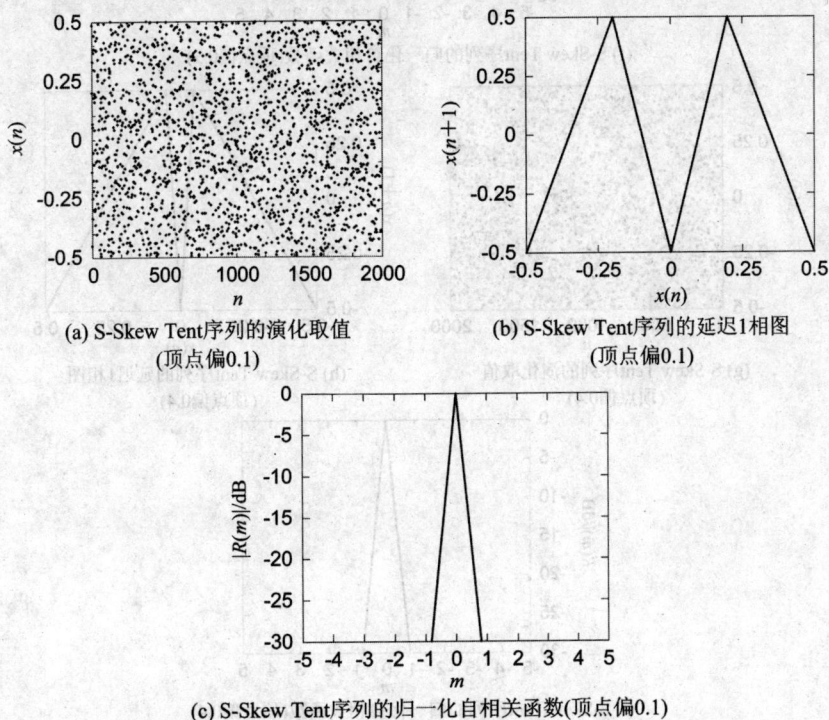

(a) S-Skew Tent序列的演化取值
(顶点偏0.1)

(b) S-Skew Tent序列的延迟1相图
(顶点偏0.1)

(c) S-Skew Tent序列的归一化自相关函数(顶点偏0.1)

图 7-6 S-Skew Tent 序列的演化、相图和归一化自相关函数(1)

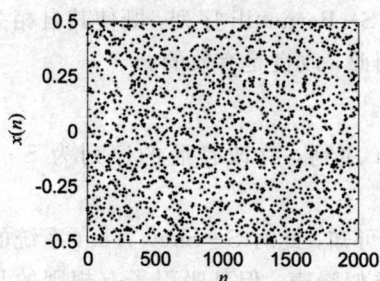

(d) S-Skew Tent序列的演化取值
(顶点偏0.3)

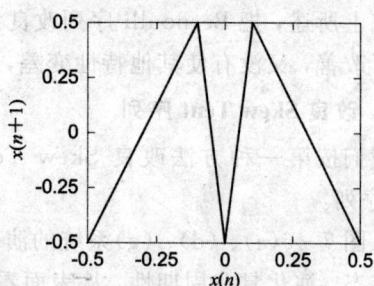

(e) S-Skew Tent序列的延迟1相图
(顶点偏0.3)

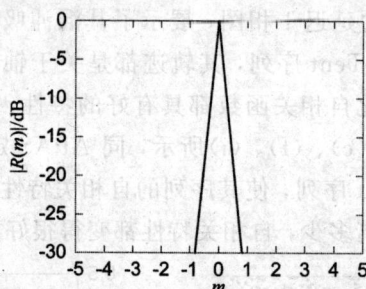

(f) S-Skew Tent序列的归一化自相关函数(顶点偏0.3)

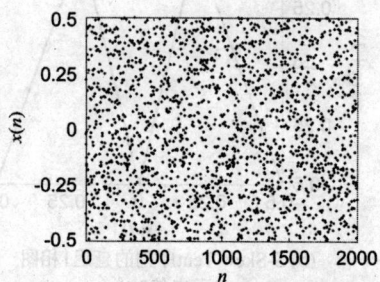

(g) S-Skew Tent序列的演化取值
(顶点偏0.4)

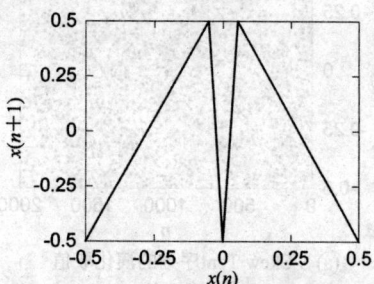

(h) S-Skew Tent序列的延迟1相图
(顶点偏0.4)

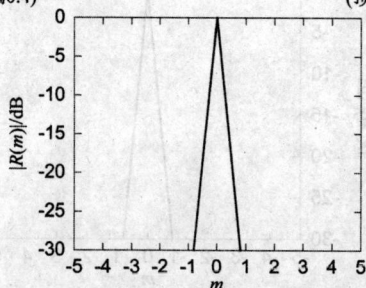

(i) S-Skew Tent序列的归一化自相关函数(顶点偏0.4)

图 7-6 S-Skew Tent 序列的演化、相图和归一化自相关函数(2)

　　改良了 Skew Tent 序列的自相关特性后，我们再来考察 S-Skew Tent 序列的其他特性。

　　(1) 功率谱：

　　Skew Tent 序列由于糟糕的自相关特性，经过傅立叶变换后得到的功率谱不是平坦的，在 0 频附近有很多突出的峰，功率谱的特性差，如图 7-7(a) 所示。S-Skew Tent 序列则相反，自相关特性好，带来了功率谱的好特性，其功率谱平坦，没有明显的峰，如图 7-7(b) 所示。因此，功率谱特性也得到了改善。

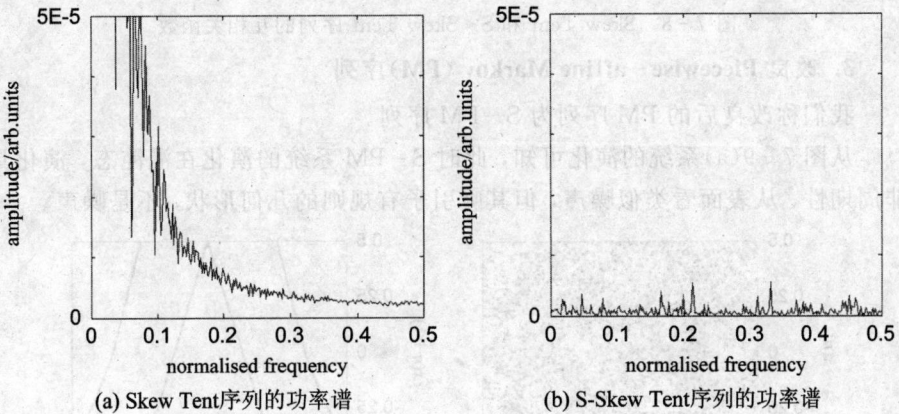

(a) Skew Tent序列的功率谱　　　　(b) S-Skew Tent序列的功率谱

图 7-7　Skew Tent 和 S-Skew Tent 序列的功率谱

　　(2) 最大李雅普诺夫指数：

　　顶点偏 0.4 的 Skew Tent 序列的最大李雅普诺夫指数是 0.23，S-Skew Tent 序列的最大李雅普诺夫指数是 0.89，因此，它们的最大李雅普诺夫指数都大于 0，它们具有的混沌性都没有改变。S-Skew Tent 序列的最大李雅普诺夫指数大于 Skew Tent 序列，因此，改良没有使序列的最大李雅普诺夫指数变差。

　　(3) 互相关特性：

　　Skew Tent 序列和 S-Skew Tent 序列的互相关特性基本相同，都比较好，没有明显区别，可以认为改良没有使它们的互相关特性改变，如图 7-8 所示。

　　因此，改良没有使序列的诸如功率谱、混沌性、最大李雅普诺夫指数特性以及互相关特性等其他特性变差。

　　综上所述，把 Skew Tent 序列改良为 S-Skew Tent 序列，既使其自相关特性得到了改善，又没有使其他特性变差，因此，改良是有效的。

(a) Skew Tent序列的互相关函数

(b) S-Skew Tent序列的互相关函数

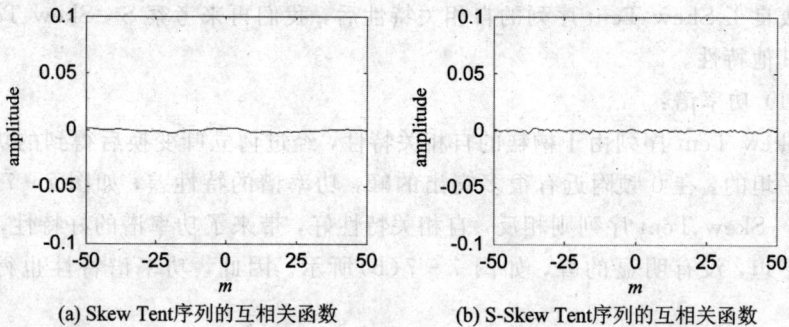

图 7-8 Skew Tent 和 S-Skew Tent 序列的互相关函数

3. 改良 Piecewise-affine Markov (PM) 序列

我们称改良后的 PM 序列为 S-PM 序列。

从图 7-9(a) 系统的演化可知, 此时 S-PM 系统的演化在混沌态, 演化具非周期性, 从表面看类似噪声, 但其吸引子有规则的几何形状, 不是噪声。

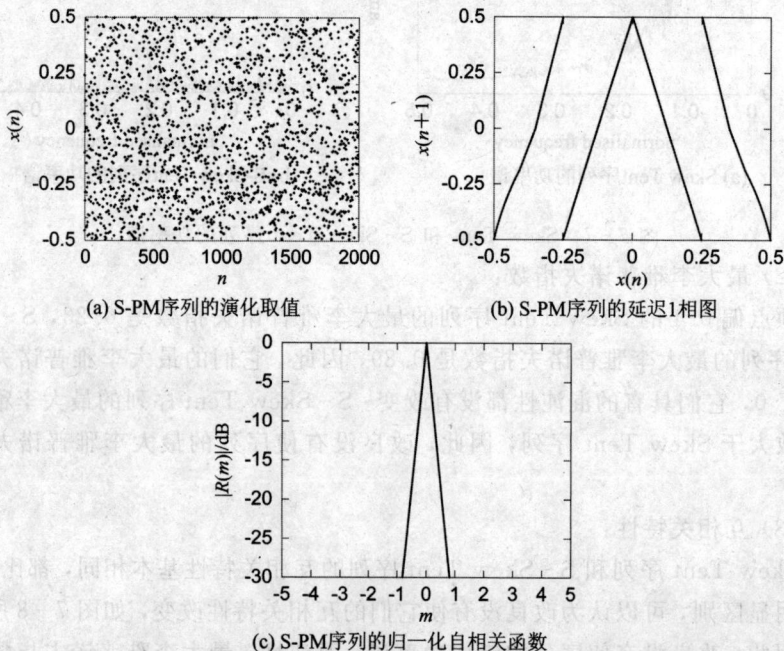

(a) S-PM序列的演化取值

(b) S-PM序列的延迟1相图

(c) S-PM序列的归一化自相关函数

图 7-9 S-PM 序列的演化、相图和归一化自相关函数

图 7-9(b) 是 S-PM 序列的延迟 1 相图, 展示了其混沌吸引子, 其轨迹是关于轴对称的, 满足 APAS 定理的条件, 因此其归一化自相关函数具有好的特性, 即主峰尖细突出, 没有明显的副瓣, 如图 7-9(c) 所示, 同 APAS 定理相

符，也验证了把 PM 序列改为 S-PM 序列改善了自相关函数，改良是有效的。

改良了 PM 序列的自相关特性后，我们再来考察 S-PM 序列的其他特性。

(1) 功率谱：

PM 序列由于糟糕的自相关特性，经过傅立叶变换后得到的功率谱不是平坦的，在 0 频附近有很多突出的峰，功率谱的特性差，如图 7-10(a) 所示。

S-PM 序列则相反，自相关特性好，带来了功率谱的好特性，其功率谱平坦，没有明显的峰，如图 7-10(b) 所示。因此，功率谱也得到了改善。

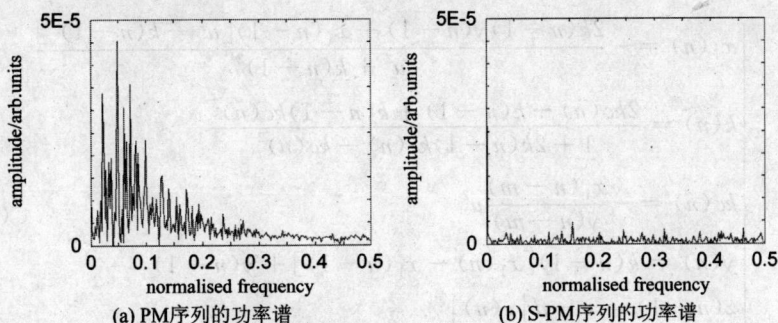

(a) PM序列的功率谱   (b) S-PM序列的功率谱

图 7-10 PM 和 S-PM 序列的功率谱

(2) 最大李雅普诺夫指数：

PM 序列的最大李雅普诺夫指数是 0.67，S-PM 序列的最大李雅普诺夫指数是 1.33，因此，它们的最大李雅普诺夫指数都大于 0，它们具有的混沌性都没有改变。S-PM 序列的最大李雅普诺夫指数大于 PM 序列，因此，改良没有使序列的最大李雅普诺夫指数变差。

(3) 互相关特性：

PM 序列和 S-PM 序列的互相关特性基本相同，都比较好，没有明显区别，可以认为改良没有使它们的互相关特性改变，如图 7-11 所示。

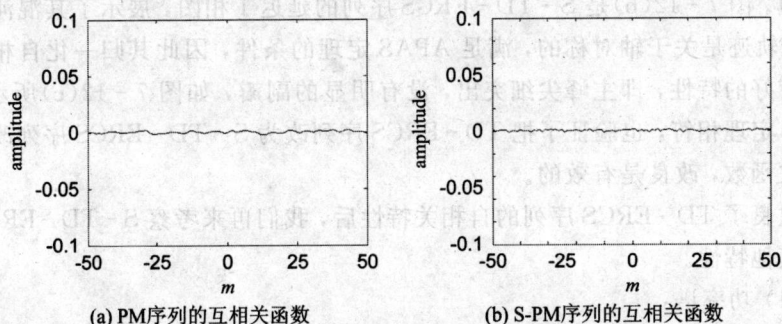

(a) PM序列的互相关函数   (b) S-PM序列的互相关函数

图 7-11 PM 和 S-PM 序列的互相关函数

因此，改良没有使序列的诸如功率谱、混沌性、最大李雅普诺夫指数特性以及互相关特性等其他特性变差。

综上所述，把 PM 序列改良为 S-PM 序列，既使其自相关特性得到了改善，又没有使其他特性变差，因此，改良是有效的。

4. 改良 TD-ERCS 序列

我们称改良后的 TD-ERCS 序列为 S-TD-ERCS 序列，S-TD-ERCS 的动力方程为

$$
\begin{cases}
x_1(n) = -\dfrac{2k(n-1)y(n-1) + x_1(n-1)[u^2 - k(n-1)^2]}{u^2 + k(n-1)^2} \\[3mm]
k(n) = \dfrac{2kc(n) - k(n-1) + k(n-1)kc(n)^2}{1 + 2k(n-1)kc(n) - kc(n)^2} \\[3mm]
kc(n) = -\dfrac{x_1(n-m)}{y(n-m)}u^2 \\[3mm]
y(n) = k(n-1)[x_1(n) - x_1(n-1)] + y(n-1) \\[2mm]
z(n+1) = c - d|z(n)| \\[2mm]
\begin{cases}
x(n+1) = hx_1(n+1), & \text{if } z(n+1) \geqslant 0 \\
x(n+1) = -hx_1(n+1), & \text{if } z(n+1) < 0
\end{cases}
\end{cases}
\tag{7-3}
$$

其中：$x(n) \in \mathbf{R}$ 是状态变量；u, m, c, d, h 是系统参数，当 u, m, c, d, h 在合适的范围内取值，比如：$u = 0.7123$，$m = 1$，$c = 0.5$，$d = 1.999$，$h = 1$，$x(n)$ 在混沌态演化，满足 $x(n) \in [-0.5, 0.5]$。选择合适的初值 $x_1(0)$，$y(0)$，$z(0)$，$k(0)$ 以及 $kc(0)$，，我们能得到确定的混沌序列 $x(n)$。初值和参数的选择不同，我们可以得到不同的混沌序列。

从图 7-12(a)系统的演化可知，此时 S-TD-ERCS 系统的演化在混沌态，演化具非周期性，从表面看类似噪声，但其吸引子有规则的几何形状，不是噪声。图 7-12(b)是 S-TD-ERCS 序列的延迟 1 相图，展示了其混沌吸引子，其轨迹是关于轴对称的，满足 APAS 定理的条件，因此其归一化自相关函数具有好的特性，即主峰尖细突出，没有明显的副瓣，如图 7-12(c)所示，同 APAS 定理相符，也验证了把 TD-ERCS 序列改为 S-TD-ERCS 序列改善了自相关函数，改良是有效的。

改良了 TD-ERCS 序列的自相关特性后，我们再来考察 S-TD-ERCS 序列的其他特性。

(1) 功率谱：

TD-ERCS 序列由于糟糕的自相关特性，经过傅立叶变换后得到的功率谱不是平坦的，在低频有很多突出的峰，功率谱的特性差，如图 7-13(a)所示。

S-TD-ERCS 序列则相反,自相关特性好,带来了功率谱的好特性,其功率谱平坦,没有明显的峰,如图 7-13(b)所示。因此,功率谱也得到了改善。

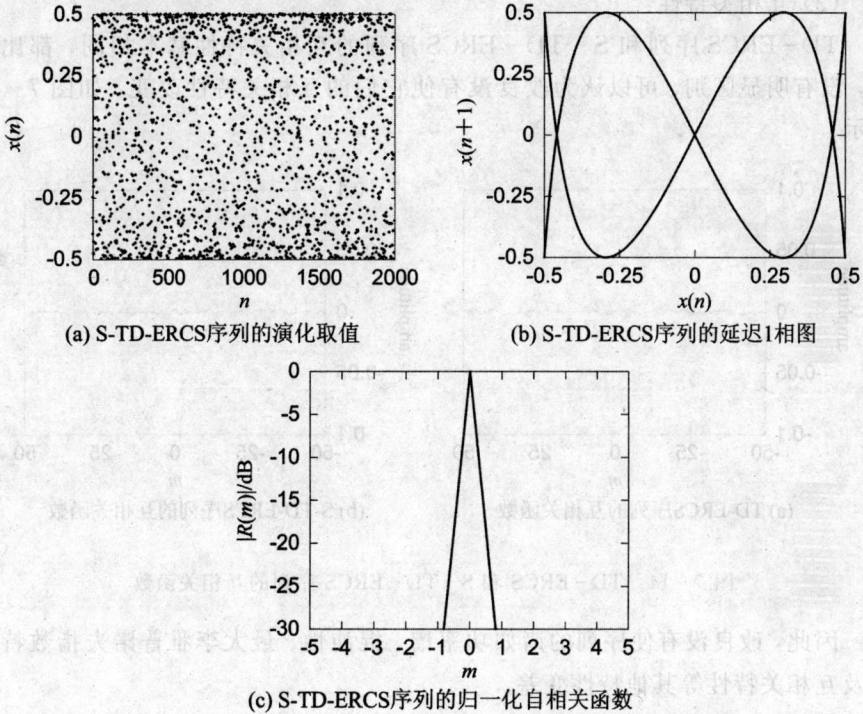

(a) S-TD-ERCS序列的演化取值

(b) S-TD-ERCS序列的延迟1相图

(c) S-TD-ERCS序列的归一化自相关函数

图 7-12 S-TD-ERCS 序列的演化、相图和归一化自相关函数

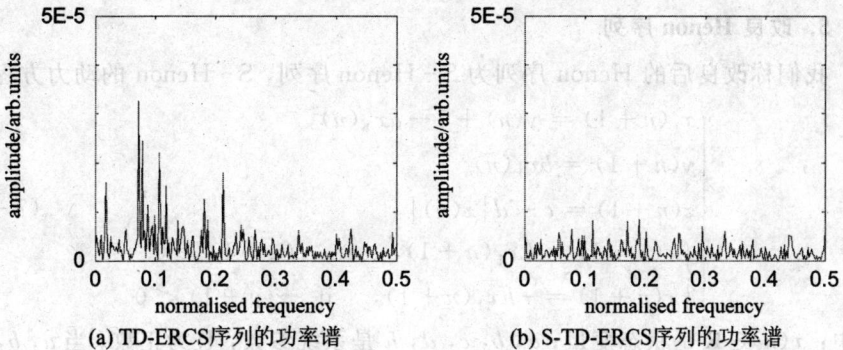

(a) TD-ERCS序列的功率谱

(b) S-TD-ERCS序列的功率谱

图 7-13 TD-ERCS 和 S-TD-ERCS 序列的功率谱

(2) 最大李雅普诺夫指数:

TD-ERCS 序列的最大李雅普诺夫指数是 1.2,S-TD-ERCS 序列的最大李雅普诺夫指数是 2.8,因此,它们的最大李雅普诺夫指数都大于 0,它们具

有的混沌性都没有改变。S‐TD‐ERCS 序列的最大李雅普诺夫指数大于
TD‐ERCS 序列,因此,改良没有使序列的最大李雅普诺夫指数变差。

(3) 互相关特性:

TD‐ERCS 序列和 S‐TD‐ERCS 序列的互相关特性基本相同,都比较
好,没有明显区别,可以认为改良没有使它们的互相关特性改变,如图 7‐14
所示。

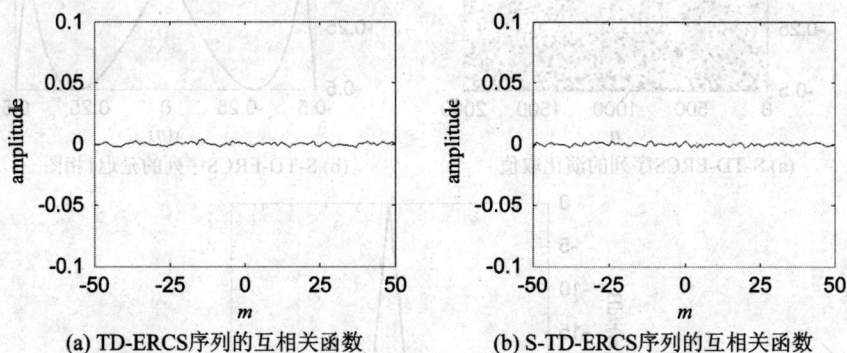

(a) TD-ERCS序列的互相关函数   (b) S-TD-ERCS序列的互相关函数

图 7‐14   TD‐ERCS 和 S‐TD‐ERCS 序列的互相关函数

因此,改良没有使序列的诸如功率谱、混沌性、最大李雅普诺夫指数特性
以及互相关特性等其他特性变差。

综上所述,把 TD‐ERCS 序列改良为 S‐TD‐ERCS 序列,既使其自相关
特性得到了改善,又没有使其其他特性变差,因此,改良是有效的。

5. 改良 Henon 序列

我们称改良后的 Henon 序列为 S‐Henon 序列,S‐Henon 的动力方程为

$$\begin{cases} x_1(n+1) = y(n) + 1 - ax_1(n)^2 \\ y(n+1) = bx_1(n) \\ z(n+1) = c - d|z(n)| \\ x(n+1) = hx_1(n+1), \quad \text{if} \quad z(n+1) \geqslant 0 \\ x(n+1) = -hx_1(n+1), \quad \text{if} \quad z(n+1) < 0 \end{cases} \quad (7-4)$$

其中:$x(n) \in \mathbf{R}$ 是状态变量;a, b, c, d, h 是系统参数,且为正数。当 $a, b, c,$
d, h 在合适的范围内取值,比如:$a = 1.4$,$b = 0.3$,$c = 0.5$,$d = 1.999$,
$h = 0.36$,$h = 1$,$x(n)$ 在混沌态演化,满足 $x(n) \in [-0.5, 0.5]$。选择合适的初
值 $x_1(0)$,$y(0)$,$z(0)$,我们能得到确定的混沌序列 $x(n)$。初值和参数的选择不
同,我们可以得到不同的混沌序列。

从图 7-15(a) 系统的演化可知,此时 S-Henon 系统的演化在混沌态,演化具非周期性,从表面看类似噪声,但其吸引子有规则的几何形状,不是噪声。图 7-15 (b) 是 S-Henon 序列的延迟 1 相图,展示了其混沌吸引子,其轨迹是关于轴对称的,满足 APAS 定理的条件,因此其归一化自相关函数具有好的特性,即主峰尖细突出,没有明显的副瓣,如图 7-15(c) 所示,同 APAS 定理相符,也验证了把 Henon 序列改为 S-Henon 序列改善了自相关函数,改良是有效的。

改良了 Henon 序列的自相关特性后,我们再来考察 S-Henon 序列的其他特性。

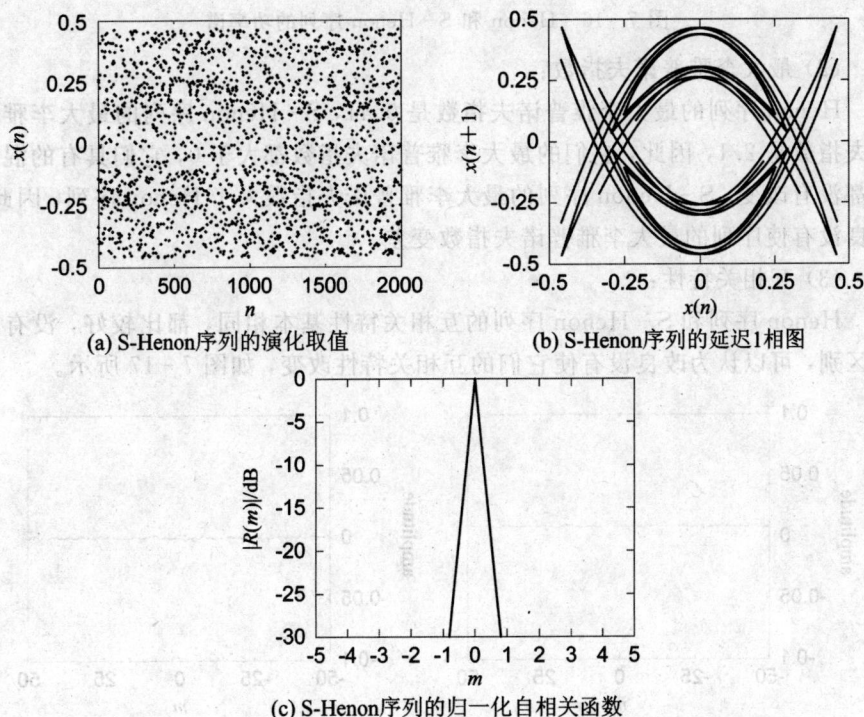

(a) S-Henon序列的演化取值

(b) S-Henon序列的延迟1相图

(c) S-Henon序列的归一化自相关函数

图 7-15 S-Henon 序列的演化、相图和归一化自相关函数

(1) 功率谱:

Henon 序列由于糟糕的自相关特性,经过傅立叶变换后得到的功率谱不是平坦的,有很多突出的峰,功率谱的特性差,如图 7-16(a) 所示。S-Henon 序列则相反,自相关特性好,带来了功率谱的好特性,其功率谱平坦,没有明显的峰,如图 7-16(b) 所示。因此,功率谱也得到了改善。

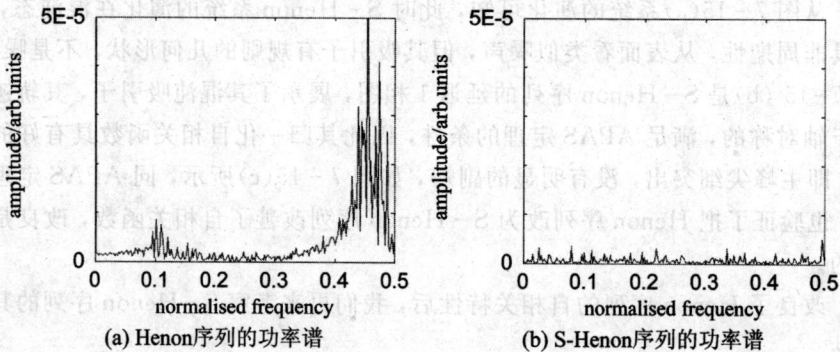

(a) Henon序列的功率谱   (b) S-Henon序列的功率谱

图 7-16　Henon 和 S-Henon 序列的功率谱

（2）最大李雅普诺夫指数：

Henon 序列的最大李雅普诺夫指数是 0.41，S-Henon 序列的最大李雅普诺夫指数是 2.1，因此，它们的最大李雅普诺夫指数都大于 0，它们具有的混沌性都没有改变。S-Henon 序列的最大李雅普诺夫指数大于 Henon 序列，因此，改良没有使序列的最大李雅普诺夫指数变差。

（3）互相关特性：

Henon 序列和 S-Henon 序列的互相关特性基本相同，都比较好，没有明显区别，可以认为改良没有使它们的互相关特性改变，如图 7-17 所示。

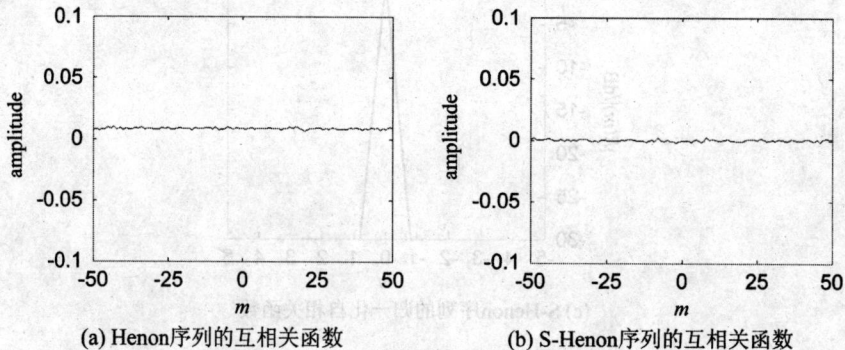

(a) Henon序列的互相关函数   (b) S-Henon序列的互相关函数

图 7-17　Henon 和 S-Henon 序列的互相关函数

因此，改良没有使序列的诸如功率谱、混沌性、最大李雅普诺夫指数特性以及互相关特性等其他特性变差。

综上所述，把 Henon 序列改良为 S-Henon 序列，既使其自相关特性得到了改善，又没有使其其他特性变差，因此，改良是有效的。

7.3.2 用高维混沌信号检验

1. 改良 CML 序列

我们称改良后的 CML 序列为 S - CML 序列, S - CML 的动力方程为

$$
\begin{cases}
x_1(n+1) = 1 - a[x_1^2(n) + y^2(n)] \\
y(n+1) = -2a(1-2b)x_1(n)y(n) \\
u(n+1) = c - d|u(n)| \\
\quad x(n+1) = hx_1(n+1), \quad \text{if} \quad u(n+1) \geqslant 0 \\
\quad x(n+1) = -hx_1(n+1), \quad \text{if} \quad u(n+1) < 0
\end{cases}
\tag{7-5}
$$

其中: $x(n) \in \mathbf{R}$ 是状态变量; a, b, c, d, h 是系统参数, 且为正数。当 $a, b, c,$ d, h 在合适的范围内取值时, 比如: $a = 1.95$, $b = 0.01$, $c = 0.5$, $d = 1.999$, $h = 0.5$, $x(n)$ 在混沌态演化, 满足 $x(n) \in [-0.5, 0.5]$。选择合适的初值 $x_1(0)$, $y(0)$, $u(0)$, 我们能得到确定的混沌序列 $x(n)$。初值和参数选择的不同, 我们可以得到不同的混沌序列。

从图 7 - 18(a) 系统的演化可知, 此时 S - CML 系统的演化在混沌态, 演化具非周期性, 从表面看类似噪声, 但其吸引子有规则的几何形状, 不是噪声。

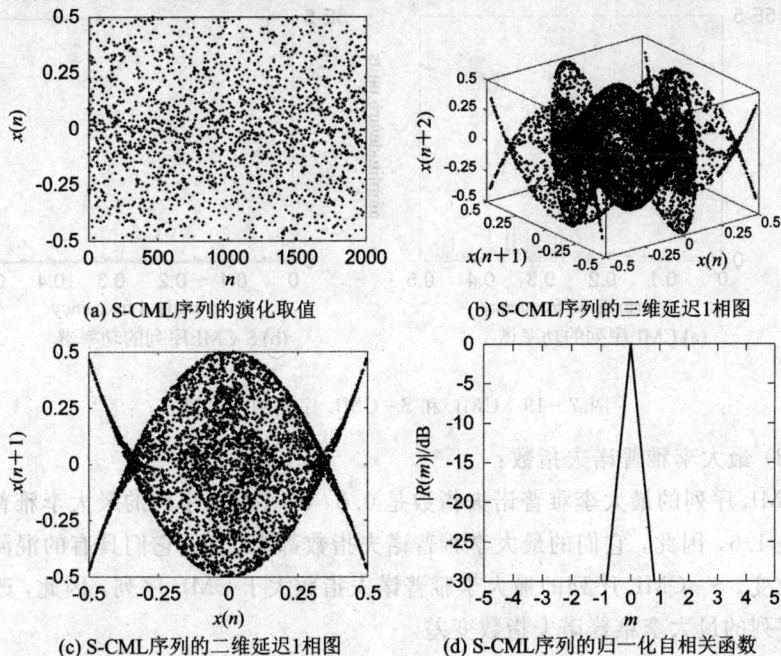

(a) S-CML序列的演化取值

(b) S-CML序列的三维延迟1相图

(c) S-CML序列的二维延迟1相图

(d) S-CML序列的归一化自相关函数

图 7 - 18 S - CML 序列的演化、相图和归一化自相关函数

图 7-18(b)是其三维相图，三维相空间的轨迹表明序列在多个方向有扩张性，有正的李雅普诺夫指数，是高维混沌。图 7-18(c)是 S-CML 序列的二维延迟 1 相图，展示了其平面混沌吸引子，相图左右两边的点数和密度相同，其轨迹是关于轴对称的，满足 APAS 定理的条件，因此其归一化自相关函数具有好的特性，即主峰尖细突出，没有明显的副瓣，如图 7-18（d）所示，同 APAS 定理相符，也验证了把 CML 序列改为 S-CML 序列改善了其自相关函数，改良是有效的。

改良了 CML 序列的自相关特性后，我们再来考察 S-CML 序列的其他特性。

（1）功率谱：

我们一般希望混沌序列的功率谱是平坦的，像噪声一样，有利于抵御探测、分析和预测。CML 序列由于糟糕的自相关特性，经过傅立叶变换后得到的功率谱不是平坦的，有较多突出的峰，功率谱的特性差，如图 7-19（a）所示。

S-CML 序列则相反，自相关特性好，带来了功率谱的好特性，其功率谱平坦，没有明显的峰，如图 7-19（b）所示。因此，功率谱也得到了改善。

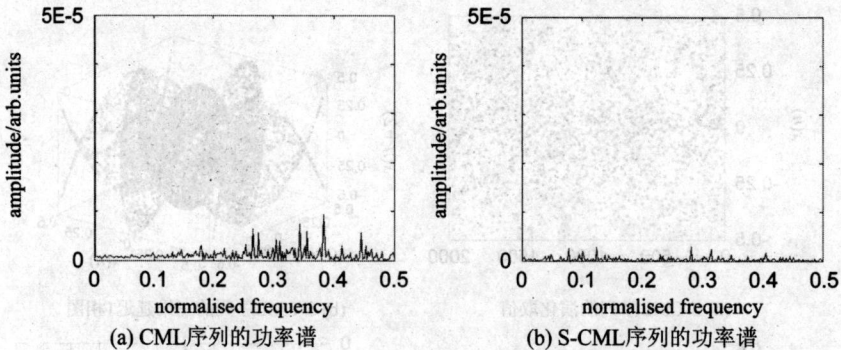

(a) CML序列的功率谱　　　　(b) S-CML序列的功率谱

图 7-19　CML 和 S-CML 序列的功率谱

（2）最大李雅普诺夫指数：

CML 序列的最大李雅普诺夫指数是 0.8，S-CML 序列的最大李雅普诺夫指数是 1.6，因此，它们的最大李雅普诺夫指数都大于 0，它们具有的混沌性都没有改变。S-CML 序列的最大李雅普诺夫指数大于 CML 序列，因此，改良没有使序列的最大李雅普诺夫指数变差。

（3）互相关特性：

CML 序列和 S-CML 序列的互相关特性基本相同，都比较好，没有明显区别，可以认为改良没有使它们的互相关特性改变，如图 7 - 20 所示。

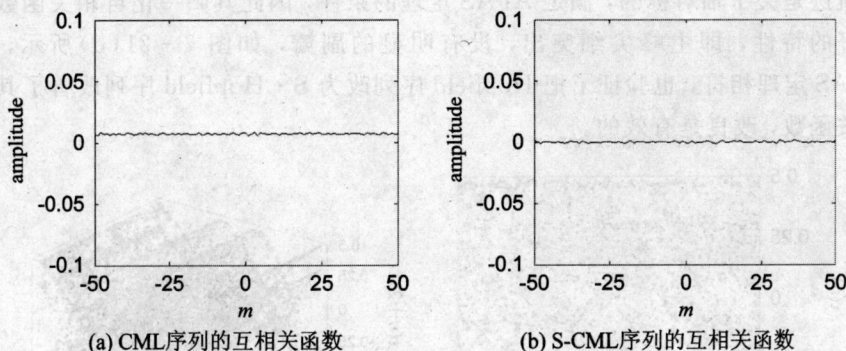

(a) CML序列的互相关函数　　　　(b) S-CML序列的互相关函数

图 7 - 20　CML 和 S - CML 序列的互相关函数

因此，改良没有使序列的诸如功率谱、混沌性、最大李雅普诺夫指数特性以及互相关特性等其他特性变差。

综上所述，把 CML 序列改良为 S - CML 序列，既使其自相关特性得到了改善，又没有使其其他特性变差，因此，改良是有效的。

2. 改良 Hopfield 序列

我们称改良后的 Hopfield 序列为 S - Hopfield 序列，S - Hopfield 的动力方程为

$$\begin{cases} x_1(n+1) = 10 \tanh[ay(n)] \exp[-y(n)] \\ y(n+1) = 10 \tanh[x_1(n)] \exp[-bx_1(n)] \\ u(n+1) = c - d \mid u(n) \mid \\ \begin{cases} x(n+1) = h[x_1(n+1) - 2.05], & \text{if } u(n+1) \geqslant 0 \\ x(n+1) = -h[x_1(n+1) - 2.05], & \text{if } u(n+1) < 0 \end{cases} \end{cases} \quad (7-6)$$

其中：$x(n) \in \mathbf{R}$ 是状态变量；a, b, c, d, h 是系统参数，且为正数。当 $a, b, c, d,$ h 在合适的范围内取值时，比如：$a=1.2$，$b=1.5$，$c=0.5$，$d=1.999$，$h=0.35$，$x(n)$ 在混沌态演化，满足 $x(n) \in [-0.5, 0.5]$。选择合适的初值 $x_1(0)$，$y(0)$，$u(0)$，我们能得到确定的混沌序列 $x(n)$。初值和参数的选择不同，我们可以得到不同的混沌序列。

从图 7 - 21(a) 系统的演化可知，此时 S - Hopfield 系统的演化在混沌态，演化具非周期性，从表面看类似噪声，但其吸引子有规则的几何形状，不是噪声。图 7 - 21(b) 是其 3 维相图，3 维相空间的轨迹表明序列在多个方向有扩张性，有正的李雅普诺夫指数，是高维混沌。图 7 - 21 (c) 是 S - Hopfield 序列的 2

维延迟 1 相图，展示了其平面混沌吸引子，相图左右两边的点数和密度相同，其轨迹是关于轴对称的，满足 APAS 定理的条件，因此其归一化自相关函数具有好的特性，即主峰尖细突出，没有明显的副瓣，如图 7-21(d)所示，同 APAS 定理相符，也验证了把 Hopfield 序列改为 S-Hopfield 序列改善了其自相关函数，改良是有效的。

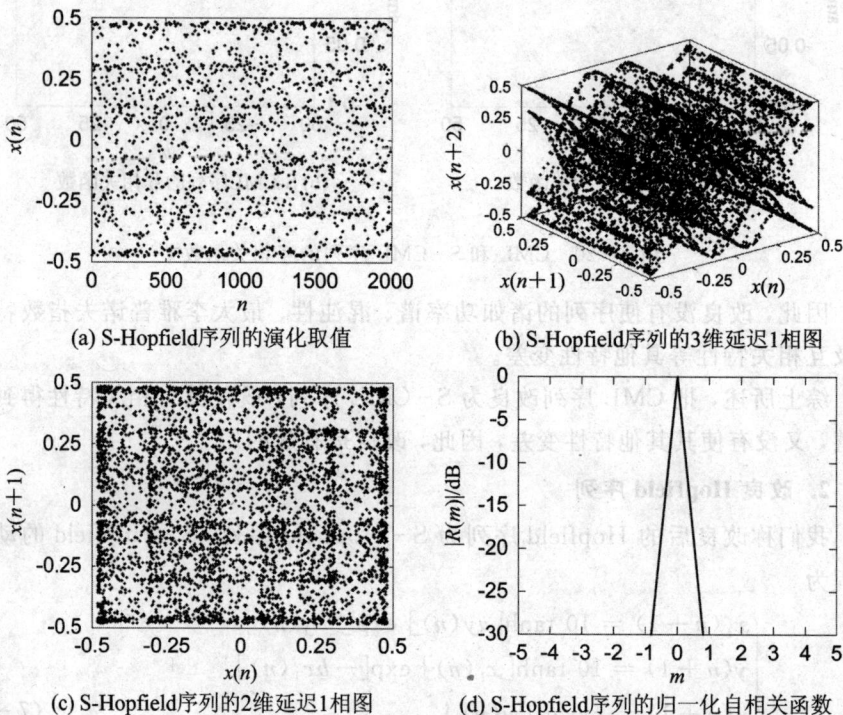

(a) S-Hopfield序列的演化取值

(b) S-Hopfield序列的3维延迟1相图

(c) S-Hopfield序列的2维延迟1相图

(d) S-Hopfield序列的归一化自相关函数

图 7-21 S-Hopfield 序列的演化、相图和归一化自相关函数

改良了 Hopfield 序列的自相关特性后，我们再来考察 S-Hopfield 序列的其他特性。

(1) 功率谱：

Hopfield 序列由于糟糕的自相关特性，经过傅立叶变换后得到的功率谱不是平坦的，有很多突出的峰，功率谱的特性差，如图 7-22(a)所示。S-Hopfield 序列则相反，自相关特性好，带来了功率谱的好特性，其功率谱平坦，没有明显的峰，如图 7-22(b)所示。因此，功率谱也得到了改善。

(2) 最大李雅普诺夫指数：

Hopfield 序列的最大李雅普诺夫指数是 0.3，S-Hopfield 序列的最大李雅普诺夫指数是 1.8，因此，它们的最大李雅普诺夫指数都大于 0，它们具有的混

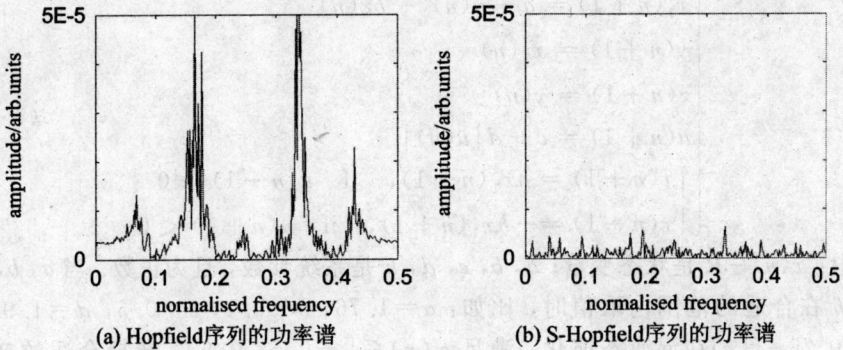

(a) Hopfield序列的功率谱　　　　(b) S-Hopfield序列的功率谱

图 7-22　Hopfield 和 S-Hopfield 序列的功率谱

沌性都没有改变。S-Hopfield 序列的最大李雅普诺夫指数大于 Hopfield 序列，因此，改良没有使序列的最大李雅普诺夫指数变差。

（3）互相关特性：

Hopfield 序列和 S-Hopfield 序列的互相关特性基本相同，都比较好，没有明显区别，可以认为改良没有使它们的互相关特性改变，如图 7-23 所示。

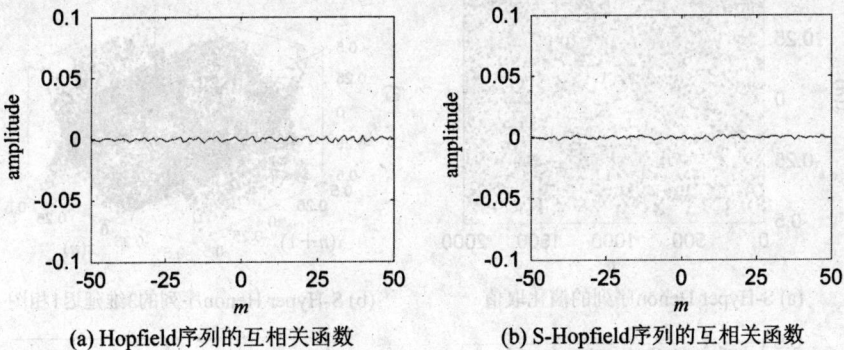

(a) Hopfield序列的互相关函数　　　　(b) S-Hopfield序列的互相关函数

图 7-23　Hopfield 和 S-Hopfield 序列的互相关函数

因此，改良没有使序列的诸如功率谱、混沌性、最大李雅普诺夫指数特性以及互相关特性等其他特性变差。

综上所述，把 Hopfield 序列改良为 S-Hopfield 序列，既使其自相关特性得到了改善，又没有使其其他特性变差，因此，改良是有效的。

3. 改良 Hyper Henon 序列

我们称改良后的 Hyper Henon 序列为 S-Hyper Henon 序列，S-Hyper Henon 的动力方程为

$$\begin{cases} x_1(n+1) = a - y(n)^2 - bz(n) \\ y(n+1) = x_1(n) \\ z(n+1) = y(n) \\ u(n+1) = c - d|u(n)| \\ \begin{cases} x(n+1) = hx_1(n+1), & \text{if} \quad u(n+1) \geqslant 0 \\ x(n+1) = -hx_1(n+1), & \text{if} \quad u(n+1) < 0 \end{cases} \end{cases} \qquad (7-7)$$

其中：$x(n) \in \mathbf{R}$ 是状态变量；a, b, c, d, h 是系统参数，且为正数。当 $a, b, c,$ d, h 在合适的范围内取值时，比如：$a=1.76, b=0.1, c=0.5, d=1.999,$ $h=0.25, x(n)$ 在混沌态演化，满足 $x(n) \in [-0.5, 0.5]$。选择合适的初值 $x_1(0), y(0), z(0)$ 和 $u(0)$，我们能得到确定的混沌序列 $x(n)$。初值和参数的选择不同，我们可以得到不同的混沌序列。

从图 7-24(a) 系统的演化可知，此时 S-Hyper Henon 系统的演化在混沌态，演化具非周期性，从表面看类似噪声，但其吸引子有规则的几何形状，不是噪声。图 7-24(b) 是其 3 维相图，3 维相空间的轨迹表明序列在多个方向有扩张性，有正的李雅普诺夫指数，是高维混沌。图 7-24(c) 是 S-Hyper Henon

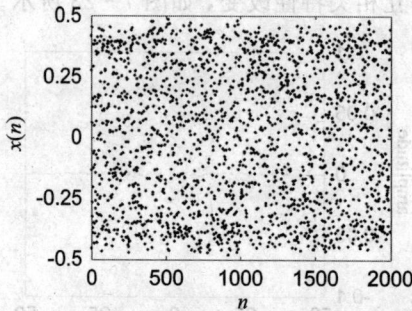

(a) S-Hyper Henon序列的演化取值

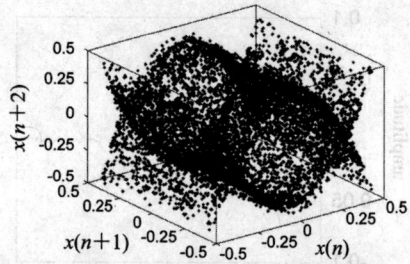

(b) S-Hyper Henon序列的3维延迟1相图

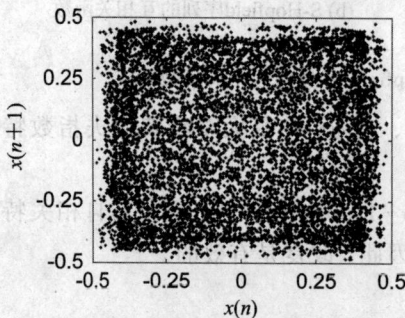

(c) S-Hyper Henon序列的2维延迟1相图

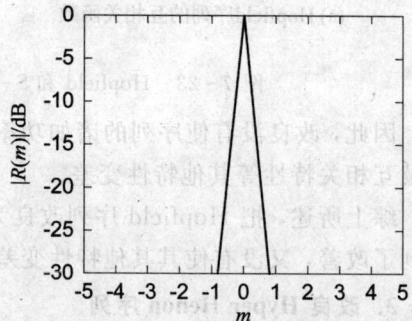

(d) S-Hyper Henon序列的归一化自相关函数

图 7-24　S-Hyper Henon 序列的演化、相图和归一化自相关函数

序列的 2 维延迟 1 相图,展示了其平面混沌吸引子,相图左右两边的点数和密度相同,其轨迹是关于轴对称的,满足 APAS 定理的条件,因此其归一化自相关函数具有好的特性,即主峰尖细突出,没有明显的副瓣,如图 7 - 24(d)所示,同 APAS 定理相符,也验证了把 Hyper Henon 序列改为 S - Hyper Henon 序列改善了其自相关函数,改良是有效的。

改良了 Hyper Henon 序列的自相关特性后,我们再来考察 S - Hyper Henon 序列的其他特性。

(1) 功率谱:

Hyper Henon 序列由于糟糕的自相关特性,经过傅立叶变换后得到的功率谱不是平坦的,有很多突出的峰,功率谱的特性差,如图 7 - 25(a)所示。S - Hyper Henon 序列则相反,自相关特性好,带来了功率谱的好特性,其功率谱平坦,没有明显的峰,如图 7 - 25(b)所示。因此,功率谱也得到了改善。

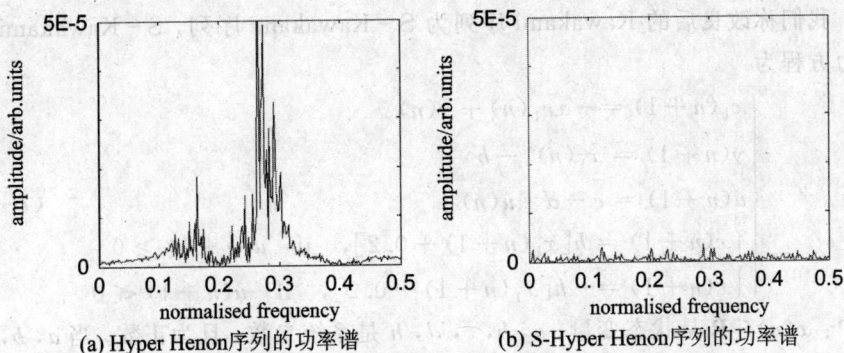

(a) Hyper Henon 序列的功率谱　　(b) S-Hyper Henon 序列的功率谱

图 7 - 25　Hyper Henon 和 S - Hyper Henon 序列的功率谱

(2) 最大李雅普诺夫指数:

Hyper Henon 序列的最大李雅普诺夫指数是 0.3,S - Hyper Henon 序列的最大李雅普诺夫指数是 1.3,因此,它们的最大李雅普诺夫指数都大于 0,它们具有的混沌性都没有改变。S - Hyper Henon 序列的最大李雅普诺夫指数大于 Hyper Henon 序列,因此,改良没有使序列的最大李雅普诺夫指数变差。

(3) 互相关特性:

Hyper Henon 序列和 S - Hyper Henon 序列的互相关特性基本相同,都比较好,没有明显区别,可以认为改良没有使它们的互相关特性改变,如图 7 - 26 所示。

因此,改良没有使序列的诸如功率谱、混沌性、最大李雅普诺夫指数特性以及互相关特性等其他特性变差。

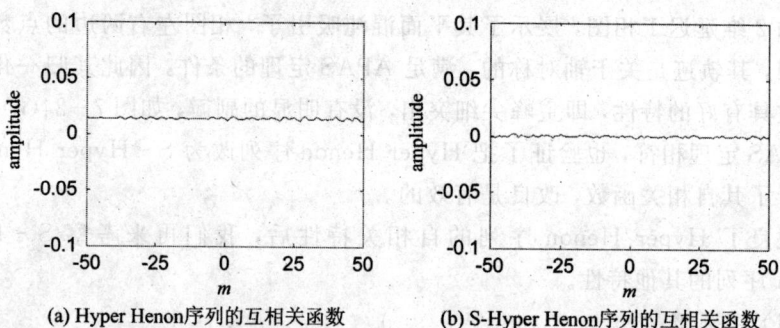

(a) Hyper Henon 序列的互相关函数   (b) S-Hyper Henon序列的互相关函数

图 7 - 26   Hyper Henon 和 S－Hyper Henon 序列的互相关函数

综上所述,把 Hyper Henon 序列改良为 S－Hyper Henon 序列,既使其自相关特性得到了改善,又没有使其其他特性变差,因此,改良是有效的。

4. 改良 Kawakami 序列

我们称改良后的 Kawakami 序列为 S－Kawakami 序列,S－Kawakami 的动力方程为

$$
\begin{cases}
x_1(n+1) = -ax_1(n) + y(n) \\
y(n+1) = x_1(n)^2 - b \\
u(n+1) = c - d\,|\,u(n)\,| \\
x(n+1) = h[x_1(n+1) + 0.2], & \text{if } u(n+1) \geqslant 0 \\
x(n+1) = -h[x_1(n+1) + 0.2], & \text{if } u(n+1) < 0
\end{cases}
\tag{7-8}
$$

其中:$x(n) \in \mathbf{R}$ 是状态变量;a, b, c, d, h 是系统参数,且为正数。当 a, b, c, d, h 在合适的范围内取值,比如:$a = 0.1$,$b = 1.6$,$c = 0.5$,$d = 1.999$,$h = 0.32$,$x(n)$ 在混沌态演化,满足 $x(n) \in [-0.5, 0.5]$。选择合适的初值 $x_1(0)$,$y(0)$,$u(0)$,我们能得到确定的混沌序列 $x(n)$。初值和参数的选择不同,我们可以得到不同的混沌序列。

从图 7-27(a) 系统的演化可知,此时 S－Kawakami 系统的演化在混沌态,演化具非周期性,从表面看类似噪声,但其吸引子有规则的几何形状,不是噪声。图 7-27(b) 是其 3 维相图,3 维相空间的轨迹表明序列在多个方向有扩张性,有正的李雅普诺夫指数,是高维混沌。图 7-27(c) 是 S－Kawakami 序列的 2 维延迟 1 相图,展示了其平面混沌吸引子,相图左右两边的点数和密度相同,其轨迹是关于轴对称的,满足 APAS 定理的条件,因此其归一化自相关函数具有好的特性,即主峰尖细突出,没有明显的副瓣,如图 7-27(d) 所示,同 APAS 定理相符,也验证了把 Kawakami 序列改为 S－Kawakami 序列改善了自相关函数,改良是有效的。改良了 Kawakami 序列的自相关特性后,我们再来考察 S－Kawakami 序列的其他特性。

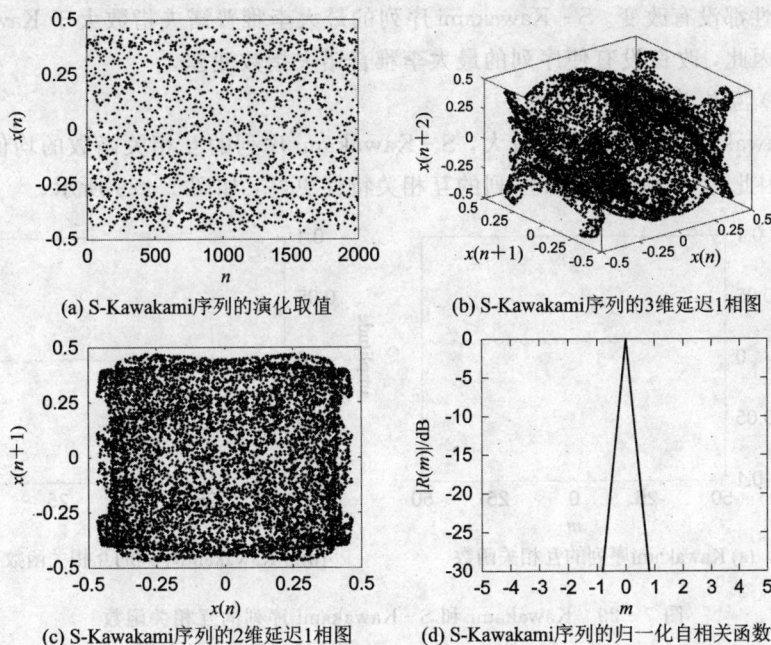

(a) S-Kawakami序列的演化取值

(b) S-Kawakami序列的3维延迟1相图

(c) S-Kawakami序列的2维延迟1相图

(d) S-Kawakami序列的归一化自相关函数

图 7-27　S-Kawakami 序列的演化、相图和归一化自相关函数

(1) 功率谱:

Kawakami 序列由于糟糕的自相关特性,经过傅立叶变换后得到的功率谱不是平坦的,有突出的峰,功率谱的特性差,如图 7-28(a)所示。S-Kawakami 序列则相反,自相关特性好,带来了功率谱的好特性,其功率谱平坦,没有明显的峰,如图 7-28(b)所示。因此,功率谱也得到了改善。

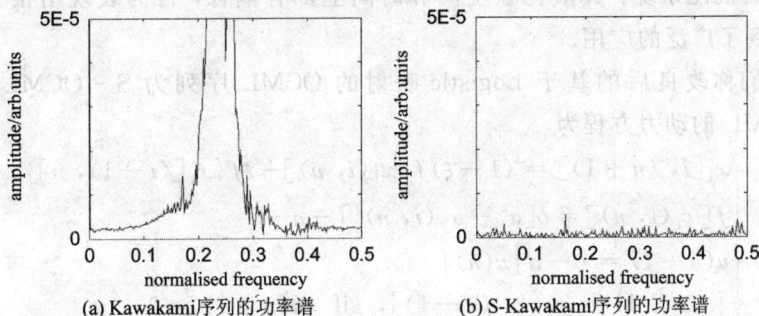

(a) Kawakami序列的功率谱

(b) S-Kawakami序列的功率谱

图 7-28　Kawakami 和 S-Kawakami 序列的功率谱

(2) 最大李雅普诺夫指数:

Kawakami 序列的最大李雅普诺夫指数是 0.2,S-Kawakami 序列的最大李雅普诺夫指数是 1.5,因此,它们的最大李雅普诺夫指数都大于 0,它们具有

的混沌性都没有改变。S-Kawakami 序列的最大李雅普诺夫指数大于 Kawakami 序列，因此，改良没有使序列的最大李雅普诺夫指数变差。

（3）互相关特性：

Kawakami 序列的均值较大，S-Kawakami 序列的互相关函数的均值更接近 0，因此，S-Kawakami 序列的互相关特性更好，如图 7-29 所示。

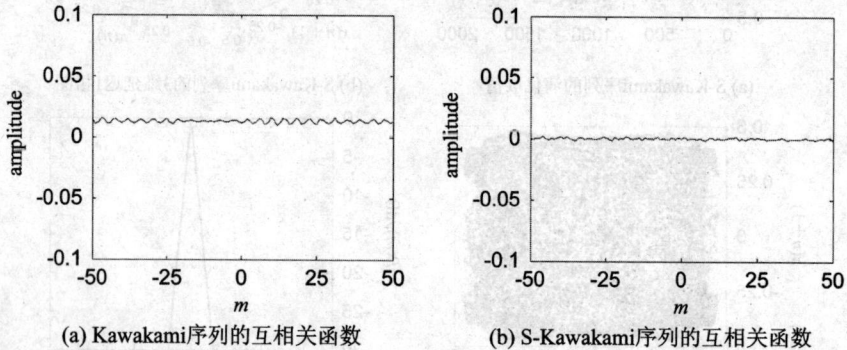

(a) Kawakami序列的互相关函数 (b) S-Kawakami序列的互相关函数

图 7-29 Kawakami 和 S-Kawakami 序列的互相关函数

因此，改良没有使序列的诸如功率谱、混沌性、最大李雅普诺夫指数特性以及互相关特性等其他特性变差。

综上所述，把 Kawakami 序列改良为 S-Kawakami 序列，既使其自相关特性得到了改善，又没有使其其他特性变差，因此，改良是有效的。

7.3.3 用空时混沌信号检验

空时混沌系统，其演化在空间和时间上都有耦合，行为表现出很大复杂性，得到了广泛的应用。

我们称改良后的基于 Logistic 映射的 OCML 序列为 S-OCML 序列，S-OCML 的动力方程为

$$\begin{cases} x_1[i,(n+1)] = (1-\xi)f[x_1(i,n)] + \xi f\{x_1[(i-1),n]\} \\ f[x_1(i,n)] = b[a^2 - x_1(i,n)^2] - a \\ u(n+1) = c - d|u(n)| \\ \begin{cases} x(n+1) = x_1[k,(n+1)], & \text{if } u(n+1) \geqslant 0 \\ x(n+1) = -x_1[k,(n+1)], & \text{if } u(n+1) < 0 \end{cases} \\ i = 1,2,\cdots,L \\ n = 1,2,\cdots,N \end{cases} \quad (7-9)$$

其中：$x(i,n) \in \mathbf{R}$ 是状态变量；$f(x)$ 是 Logistic 映射；a,b,c,d,ξ,k 是系统

参数；L 是空时系统的尺度；N 是序列的长度。当 a, b, c, d, ξ 在合适的范围内取值，比如 $a=0.5$, $b=3.9998$, $d=1.999$, $c=0.5$, $\xi=0.3$, $x(i, n)$ 在空时混沌态演化。任意选择 $i=k$，比如 $i=k=10$，选择合适的初值 $x(i, 0)$、$u(0)$，我们能得到确定的具有空时混沌特性的序列 $x(n)$，满足 $x(n)\in[-0.5, 0.5]$。初值和参数的选择不同，我们可以得到不同的混沌序列。

从图 7-30(a) 系统的演化可知，此时 S-OCML 系统的演化在空时混沌态，演化具非周期性，从表面看类似噪声，吸引子有规则而复杂的几何形状，不是噪声。图 7-30(b) 是 S-OCML 序列的延迟 1 相图，展示了其混沌吸引子，相图左右两边的点数和密度相同，其轨迹是关于轴对称的，满足 APAS 定理的条件，因此其归一化自相关函数具有好的特性，即主峰尖细突出，没有明显的副瓣，如图 7-30(c) 所示，同 APAS 定理相符，也验证了把 OCML 序列改为 S-OCML 序列改善了自相关函数，改良是有效的。

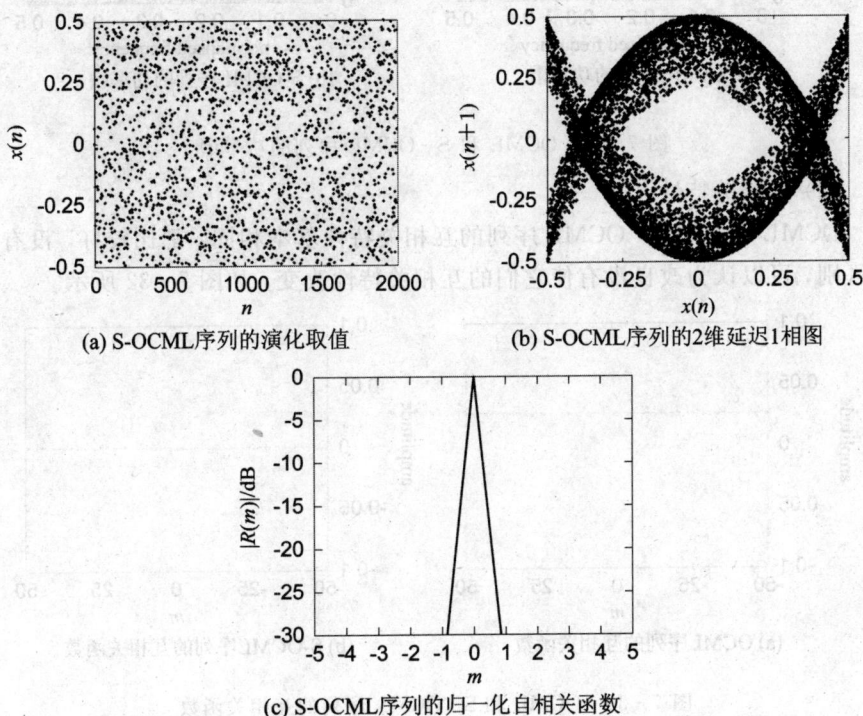

(a) S-OCML序列的演化取值

(b) S-OCML序列的2维延迟1相图

(c) S-OCML序列的归一化自相关函数

图 7-30 S-OCML 序列的演化、相图和归一化自相关函数

改良了 OCML 序列的自相关特性后，我们再来考察 S-OCML 序列的其他特性。

（1）功率谱：

我们一般希望混沌序列的功率谱是平坦的，像噪声一样，有利于抵御探测、分析和预测。OCML 序列由于糟糕的自相关特性，经过傅立叶变换后得到的功率谱不是平坦的，有很多突出的峰，功率谱的特性差，如图 7-31(a) 所示。S-OCML 序列则相反，自相关特性好，带来了功率谱的好特性，其功率谱平坦，没有明显的峰，如图 7-31(b) 所示。因此，功率谱也得到了改善。

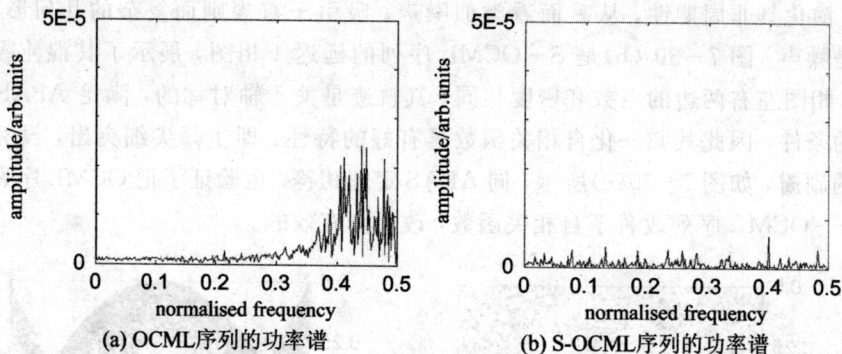

(a) OCML序列的功率谱　　　　**(b) S-OCML序列的功率谱**

图 7-31　OCML 和 S-OCML 序列的功率谱

（2）互相关特性：

OCML 序列和 S-OCML 序列的互相关特性基本相同，都比较好，没有明显区别，可以认为改良没有使它们的互相关特性改变，如图 7-32 所示。

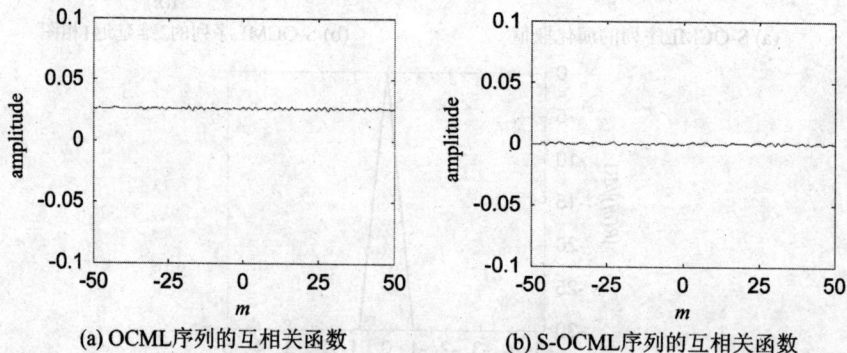

(a) OCML序列的互相关函数　　　　**(b) S-OCML序列的互相关函数**

图 7-32　OCML 和 S-OCML 序列的互相关函数

因此，改良没有使序列的诸如功率谱、混沌性、最大李雅普诺夫指数特性以及互相关特性等其他特性变差。

综上所述，把 OCML 序列改良为 S-OCML 序列，既使其自相关特性得到了改善，又没有使其其他特性变差，因此，改良是有效的。

7.3.4 用其他信号检验

我们改良前面提到的正弦函数序列，称改良后的正弦函数序列为 S-正弦函数序列，S-正弦函数的动力方程为

$$\begin{cases} x_1(n+1) = 0.5\sin[(2\pi/a)x_1(n)] \\ u(n+1) = c - d|u(n)| \\ \begin{cases} x(n+1) = [x_1(n+1)], & \text{if } u(n+1) \geqslant 0 \\ x(n+1) = -[x_1(n+1)], & \text{if } u(n+1) < 0 \end{cases} \end{cases} \quad (7-10)$$

其中：$x(n) \in \mathbf{R}$ 是状态变量；a, c, d 是系统参数，且为正数，任意选择 a 和初值 $x_1(0)$，$u(0)$，比如 $a = 11.111$，$x_1(n) = 0$，$u(0) = 0.233$，我们能得到确定的序列 $x(n)$。初值和参数的选择不同，我们可以得到不同的序列。

图 7-33(a)是系统的演化状态。图 7-33(b)是正弦函数序列的延迟 1 相图，其轨迹是关于轴对称的，满足 APAS 定理的条件，因此其归一化自相关函数具有好的特性，即主峰尖细突出，没有明显的副瓣，如图 7-33(c)所示，同 APAS 定理相符。

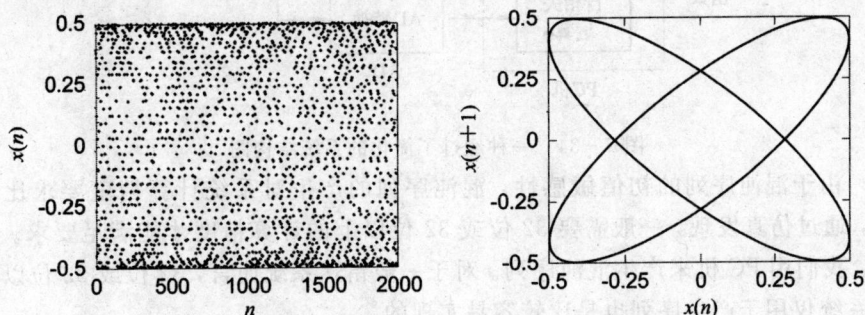

(a) S-正弦函数序列的演化取值

(b) S-正弦函数序列的延迟1相图

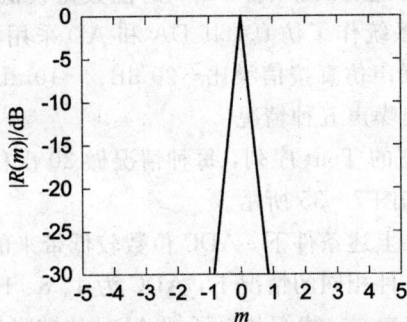

(c) S-正弦函数序列的归一化自相关函数

图 7-33 S-正弦函数序列的演化、相图和归一化自相关函数

因此，把正弦函数序列改良为 S–正弦函数序列，使其自相关特性得到了改善。

7.4 ADC 和噪声对自相关特性以及改良方法的影响

本节从实用角度出发，探讨目前常用系统中的模数转换（ADC）以及噪声对序列自相关特性的影响，以及对改良自相关方法的影响。

7.4.1 ADC 和噪声对自相关特性的影响

参考目前常用的雷达系统结构，我们对图 7–34 所示经过了简化的系统进行了仿真，以了解 ADC 量化误差和噪声对序列自相关性能的影响。

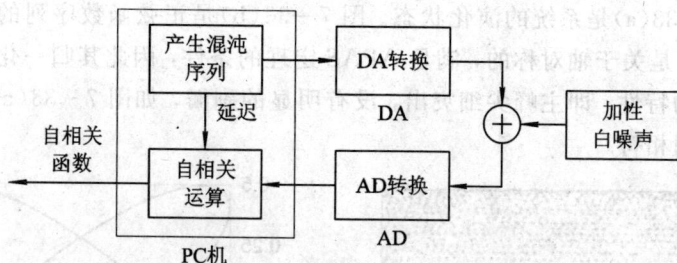

图 7-34 一种经过了简化的系统结构图

由于混沌序列的初值敏感性，混沌序列的产生对系统计算精度要求比较高，通过仿真发现，一般需要 32 位或 32 位以上的计算精度才能满足要求。因此，我们用 PC 机来产生混沌序列。对于一般雷达系统而言，32 位或 32 位以上的系统仅用于产生序列也是比较容易实现的。

雷达系统中受采样速度的影响，ADC 的位数比较低，一般低于 10 位。我们对图 7–34 所示的系统作了仿真，其 DA 和 AD 采用相同的位数，分 4、8、16、32 位四种情况；噪声仿真按信噪比−20 dB、−10 dB、0 dB、10 dB 加入高斯白噪声，以及不加白噪声五种情况。

我们用长度为 500 的 Tent 序列，每种情况做 20 次仿真，对自相关函数取算术平均，仿真结果如图 7–35 所示。

仿真结果表明，在上述条件下，ADC 位数较低带来的量化误差对自相关函数的影响不大。其他条件相同的情况下，ADC 为 4、8、16、32 位，其自相关函数基本相同，没有明显差异。我们甚至还把 ADC 位数降低至 2 位，对上述自相关函数的仿真也基本没有影响，因此，我们把 ADC 为 4、8、16、32 位的仿真结果放在一起，如图 7–35 所示。

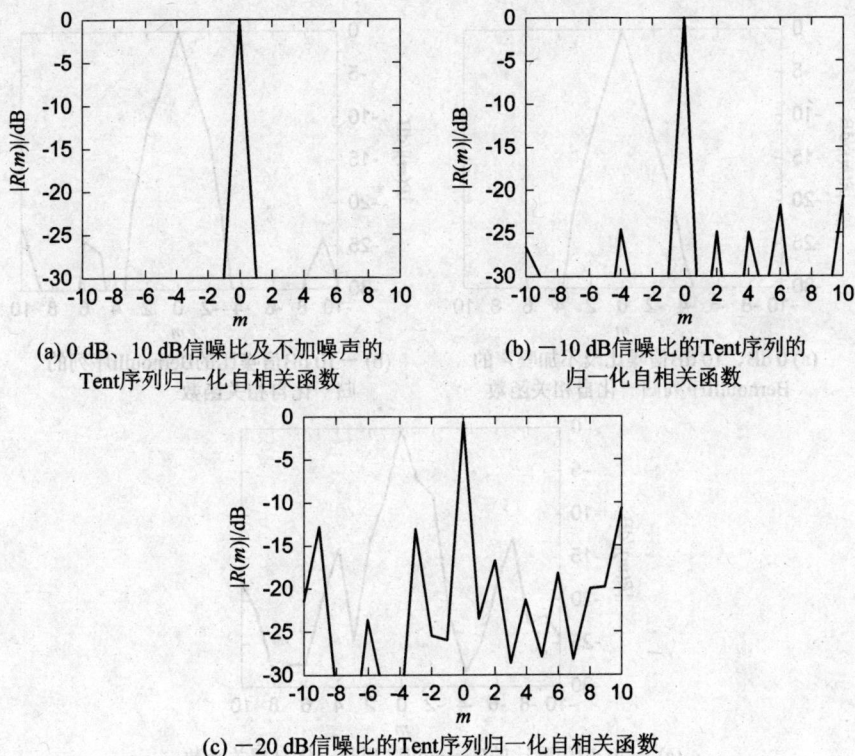

(a) 0 dB、10 dB信噪比及不加噪声的
Tent序列归一化自相关函数

(b) −10 dB信噪比的Tent序列的
归一化自相关函数

(c) −20 dB信噪比的Tent序列归一化自相关函数

图 7-35 在 ADC 位数为 4、8、16、32 位的情况下，Tent 序列加入
不同强度白噪声的归一化自相关函数

在上述条件下加入高斯白噪声，信噪比低于−20 dB 才对自相关函数有比较强烈的影响，−10 dB 的信噪比只对自相关函数有比较微弱的影响。当信噪比等于或高于 0 dB，也就是信号功率同噪声功率相同或高于噪声功率时，自相关函数同不加噪声时基本相同。

因此，对于 Tent 序列，满足了混沌序列产生精度要求的前提下，后端 ADC 位数低对自相关函数带来的影响基本可以忽略，就算 ADC 位数低至 2 位也对自相关函数基本没有影响；抗噪声干扰的能力也比较强，当加性白噪声的功率比信号功率高 10 倍以上，才对自相关函数有比较明显的影响。

我们用自相关特性比较差的 Bernoulli 混沌序列作了同样的仿真，仿真结果如图 7-36 所示。

可见对于自相关特性比较差的 Bernoulli 混沌序列，得到了同样的结果，即 ADC 的位数就是低至 4 位甚至 2 位，对自相关函数都基本没有影响；噪声的影响也比较小，信噪比低于−10 dB 才有较明显的影响。

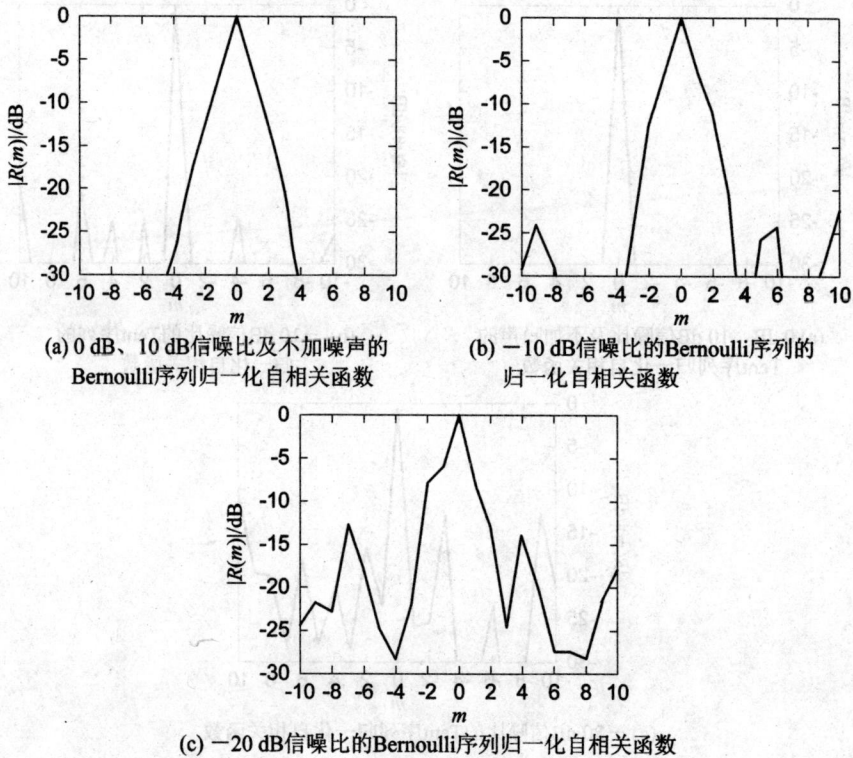

(a) 0 dB、10 dB信噪比及不加噪声的
Bernoulli序列归一化自相关函数

(b) −10 dB信噪比的Bernoulli序列的
归一化自相关函数

(c) −20 dB信噪比的Bernoulli序列归一化自相关函数

图 7-36　在 ADC 位数为 4、8、16、32 位的情况下,Bernoulli 序列加入
不同强度白噪声的归一化自相关函数

　　我们还用其他混沌序列和噪声序列作了类似的仿真,如 Logistic 序列、PM 序列、MSPL 序列、高斯噪声序列等,得到了同样的结果。

　　因此,满足了混沌序列产生精度要求的前提下,后端 ADC 位数低对自相关函数基本没有影响;噪声影响也较小,当信噪比低至−10 dB,才对自相关函数有比较明显的影响。

7.4.2　ADC 和噪声对改良方法的影响

　　前面提到为了改善 Bernoulli 序列的自相关特性,我们对 Bernoulli 序列进行了改良,得到了 S−Bernoulli 序列,使其具有好的自相关特性。我们来考察 ADC 位数和噪声对 S−Bernoulli 序列自相关函数的影响,以考察改良方法是否受 ADC 位数和噪声的制约。

我们在相同条件下，作出 S – Bernoulli 序列的归一化自相关函数，如图 7 – 37 所示。

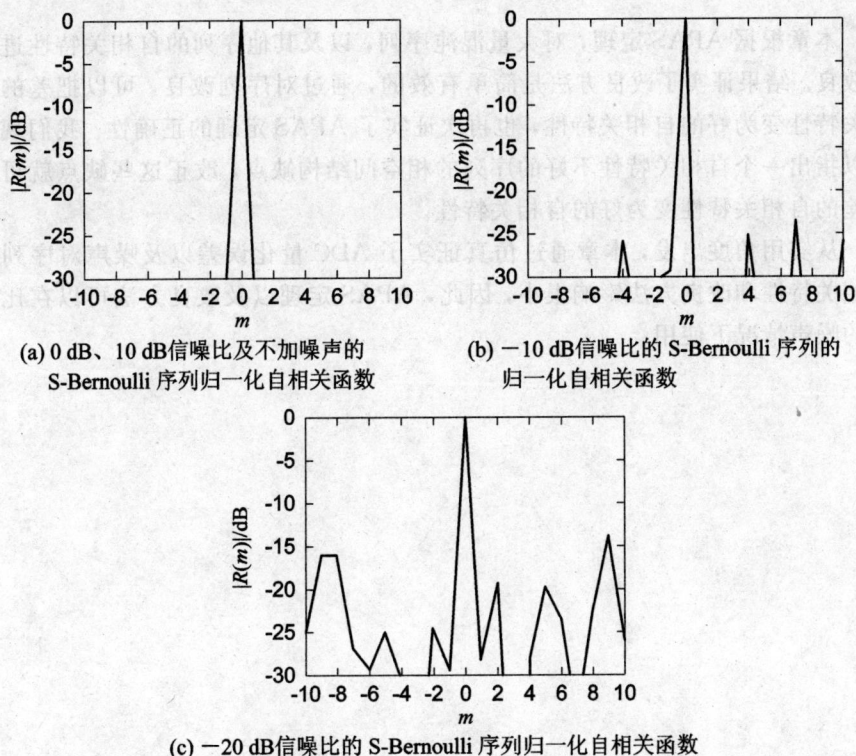

(a) 0 dB、10 dB 信噪比及不加噪声的
S-Bernoulli 序列归一化自相关函数

(b) –10 dB 信噪比的 S-Bernoulli 序列的
归一化自相关函数

(c) –20 dB 信噪比的 S-Bernoulli 序列归一化自相关函数

图 7 – 37　在 ADC 位数为 4、8、16、32 位的情况下，S – Bernoulli 序列加入
不同强度白噪声的归一化自相关函数

可见对于改良得到的 S – Bernoulli 混沌序列，得到了同样的结果，即 ADC 的位数就是低至 4 位甚至 2 位，对自相关函数都基本没有影响；噪声的影响也比较小，信噪比低于 –10 dB 才有较明显的影响。

我们还用其他改良的混沌序列作了相同的仿真，都得到了相同的结果。

因此，改良方法基本不受 ADC 位数低和噪声的影响，有较好的实用性。

综上，ADC 量化误差对序列的自相关特性影响很小，对本文的改良方法也基本没有影响；噪声对序列的自相关特性影响很小，对本文的改良方法也基本没有影响。因此，在使用序列的自相关函数以及改良其自相关特性时，可以基本不考虑 ADC 量化误差和噪声的影响。

7.5 本章结论

本章根据 APAS 定理，对大量混沌序列，以及其他序列的自相关特性进行了改良。结果证实了改良方法是简单有效的，通过对序列改良，可以把差的自相关特性变为好的自相关特性，也再次证实了 APAS 定理的正确性。我们现在可以指出一个自相关特性不好的序列的相空间结构缺点，改正这些缺点就可以把差的自相关特性变为好的自相关特性。

从实用角度出发，本章通过仿真证实了 ADC 量化误差以及噪声对序列的自相关特性和改良方法影响很小，因此，APAS 定理以及改良方法可以在比较强的噪声情况下使用。

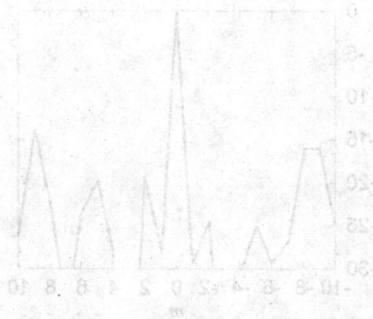

第八章 研究的意义和需要进一步解决的问题

8.1 相空间法研究混沌自相关特性的结论和意义

混沌系统的相空间轨迹结构，清晰准确地展示出了混沌的内在固有的结构。而内在结构的差异性，正是紧密联系着混沌序列自相关和调制自相关特性。

通过 APAS 定理我们得知：延迟 1 相平面轨迹具有轴对称结构的混沌序列，具有好的自相关特性，即主峰突出尖细，没有显著的副瓣。因此，我们一方面通过相空间轨迹对混沌序列的自相关特性作出判断，另一方面可以找到自相关特性不好的序列的相空间结构缺点，通过改正这些结构缺点，使序列的自相关特性得到改善。大量仿真对此作了证实。

直观反映序列内在规律的相空间方法，同混沌序列的自相关特性联系起来，得到了上述包括 APAS 定理在内的简洁、明晰、实用的结论，以及实用的判断和改良混沌序列的自相关函数特性的方法，为研究序列自相关特性开辟了新的思路，也为进一步揭示混沌的规律，为混沌进一步的应用打下了基础。

8.2 今后需要进一步解决的问题

在实际应用中，信号往往要经过调制才使用，这时，信号的调制自相关特性发挥作用。

图 8-1 (a)、(b)、(c)、(d)分别表示顶点偏离 0.4 的 Skew Tent 序列的归一化自相关、随机调幅（Random Amplitude Modulation，RAM）自相关、随机调频（Random Frequence Modulation，RFM）自相关、随机调相（Random Phase Modulation，RPM）自相关函数，可见其特性都很差。

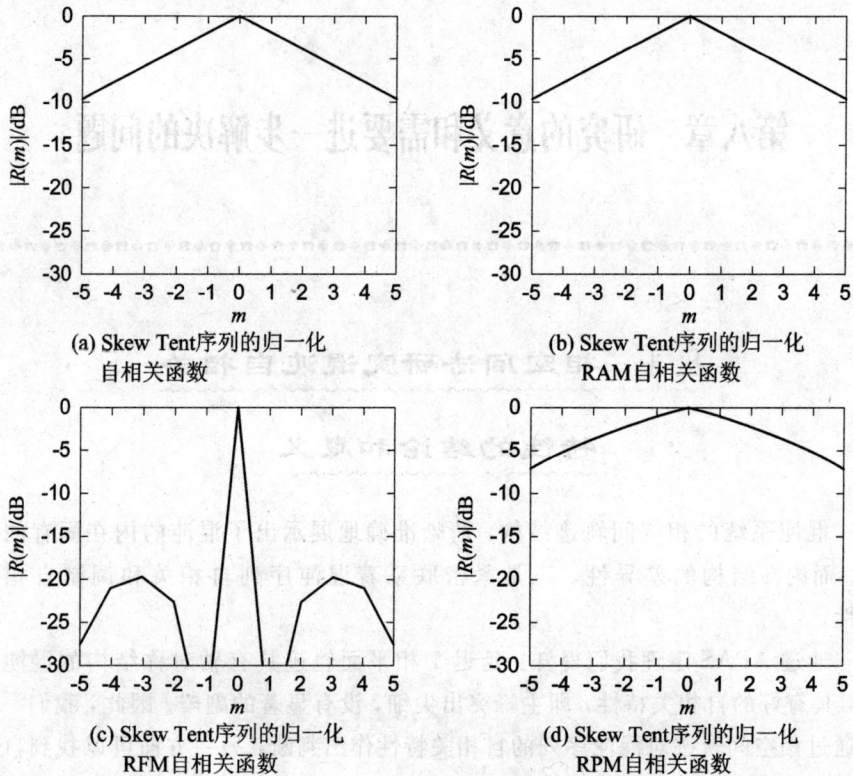

(a) Skew Tent序列的归一化
自相关函数

(b) Skew Tent序列的归一化
RAM自相关函数

(c) Skew Tent序列的归一化
RFM自相关函数

(d) Skew Tent序列的归一化
RPM自相关函数

图 8-1　Skew Tent 序列的自相关和 RAM、RFM、RPM 自相关函数

经过了自相关改良的 S-Skew Tent 序列，其相图轨迹是关于轴对称的，满足 APAS 定理，因此其本身自相关特性好。我们作出 S-Skew Tent 序列的归一化自相关、RAM、RFM、RPM 调制自相关函数，如图 8-2（a）、（b）、（c）、（d）所示。

可见 S-Skew Tent 序列本身的自相关特性是很好，同 APAS 定理相符。但只有本身自相关和 RAM 自相关特性好，而 RFM、RPM 调制自相关函数特性还是很差。

我们还对许多其他混沌序列作了同样的仿真，得到了类似的结果。因此，我们前面的改良方法只能用于序列本身自相关特性的改良，而不能适用于各种调制后的信号自相关特性的改良。

所以，研究和改良各种调制自相关特性，是我们今后需要进一步解决的问题，也是我们今后进一步研究的方向之一。

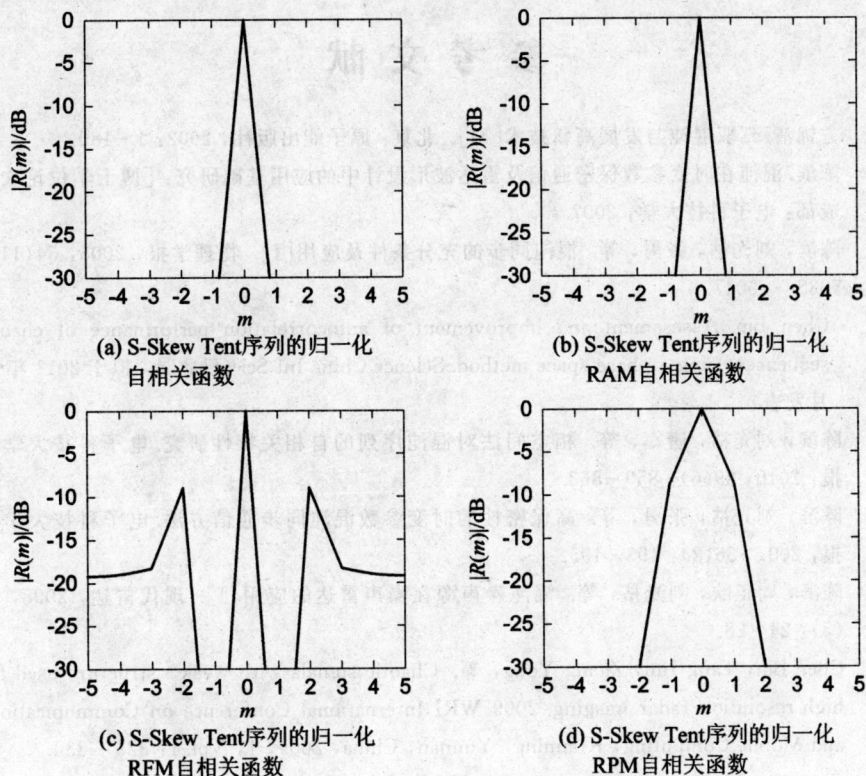

(a) S-Skew Tent序列的归一化
自相关函数

(b) S-Skew Tent序列的归一化
RAM自相关函数

(c) S-Skew Tent序列的归一化
RFM自相关函数

(d) S-Skew Tent序列的归一化
RPM自相关函数

图 8 - 2 S - Skew Tent 序列的自相关和 RAM、RFM、RPM 自相关函数

参 考 文 献

[1] 方锦清. 驾驭混沌与发展高新技术[M]. 北京：原子能出版社，2002：1-180.

[2] 陈滨. 混沌在时变参数保密通信及雷达波形设计中的应用基础研究：[博士学位论文]. 成都：电子科技大学，2007.

[3] 陈滨，刘光祜，张勇，等. 混沌同步的充分条件及应用[J]. 物理学报，2005，54(11)：5038 - 5047.

[4] Chen Bin. Assessment and improvement of autocorrelation performance of chaotic sequences using a phase space method. Science China Inf Sci (已收录，拟于 2011 年 12 月发表)

[5] 陈滨，刘光祜，唐军，等. 相空间法对混沌序列的自相关特性研究. 电子科技大学学报，2010，39(6)：859-863.

[6] 陈滨，刘光祜，张勇，等. 高保密性的时变参数混沌同步通信方法. 电子科技大学学报，2007，36(2)：193-195.

[7] 陈滨，周正欧，刘光祜，等. 混沌噪声源在噪声雷达的应用[J]. 现代雷达，2008，30 (5)：24-28.

[8] Chen Bin, Tang Jun, Zhang Yong, 等. Chaotic signals with weak - structure used for high resolution radar imaging. 2009 WRI International Conference on Communications and Mobile Computing, Kunming, Yunnan, China, 2009, 1, Vol. 1：325 - 330.

[9] Chen Bin. Improving Autocorrelation performance of Bernoulli sequence based on APAS theorem. The 2nd International Conference on Information Science and Engineering, Hangzhou, China, 2010, 12, Vol. 3：2143 - 2146.

[10] Chen Bin. Improving Autocorrelation performance of Hyperhenon Sequence based on APAS Theorem. The 13th IEEE Joint International Computer Science and Information Technology Conference, Chongqing, China, 2011, 8, Vol. 3：106 - 109.

[11] 方锦清. 非线性系统中混沌控制方法、同步原理及其应用前景(二). 物理学进展，1996，16 (2)：137-196.

[12] 方锦清. 非线性系统中混沌控制方法、同步原理及其应用前景(一). 物理学进展，1996，16 (1)：1-70.

[13] Boccaletti S, Grebogi C and Lai Y C, et al. The Control of Chaos：theory and application. Physics Reports, 2000(329)：103 - 197.

[14] Grebogi Celso, Ying - Cheng Lai. Controlling chaotic dynamical systems. Systems & Control Letters, 1997, 3(5)：307 - 312.

[15] Grebogi Celso, Ying - Cheng lai, Hayes Scott. Control and Applications of Chaos. Journal of The Franklin Institute, 1997, 334 (5 - 6)：1115 - 1146.

[16] 曹建福，韩崇昭，方洋旺. 非线性系统理论及应用[M]. 西安：西安交通大学出版社，

2001：73－83.

[17] 方锦清. 非线性控制与混沌控制论：略谈与现代控制论的结合[J]. 自然杂志，1998，20 (3)：147－152.

[18] Pecora L M，Carroll T L. Synchronization of chaotic systems. Phys. Rev. Lett.，1990，A (64)：821－824.

[19] Boccaletti S，Kurthsc J，Osipovd G，et al. The synchronization of chaotic systems. Physics Reports，2002(366)：1－101.

[20] Holger KanZ，Thomas Schreiber. Nonlinear Time Series Analysis. 北京：清华大学出版社，2000.1－237.

[21] 吴祥兴，陈忠，等. 混沌学导论[M]. 上海：科技文献出版社，1996；120－143.

[22] 方锦清. 超混沌、混沌的控制与同步[J]. 科技导报(北京)，1996 (4)：6－8.

[23] Lorenz E N. Deterministic nonperiodic flow. J. Atmos. Sci.，1963，20：130－141.

[24] 张学义. 混沌同步及其在通信中的应用研究. 哈尔滨：哈尔滨工程大学，2001：1－10，57－60.

[25] 戴旭初，徐佩霞. 混沌同步的方法及其若干问题[J]. 电路与系统学报，1998，3 (1)：44－51.

[26] 黄琳. 稳定性与鲁棒性的理论基础[M]. 北京：科学出版社，2003.1－54.

[27] Jiang G P，Zheng W X. Novel synchronization conditions for a class of coupled chaotic systems. Fifth World Congress on Intelligent Control and Automation，2004. WCICA 2004，2004，2：1272－1275.

[28] Jiang G P，Tang K S. A Global Synchronization Criterion for Coupled Chaotic Systems via Unidirectional Linear Error Feedback Approach. Int. J. Bifurcation and Chaos，2002，12：2239－2253.

[29] Jiang G P，Chen G，Tang K S. A New Criterion for Chaos Synchronization Using Linear State Feedback Control. Int. J. Bifurcation and Chaos，2003，13：2343－2351.

[30] Guo－Ping Jiang，Wallace Kit－Sang Tang，Guanrong Chen. A simple global synchronization criterion for coupled chaotic systems. Chaos，Solitons and Fractals，2003(15)：925－935.

[31] XiaoFan Wang，Zhi Quan Wang. A new criterion for synchronization of coupled chaotic oscillators with application to chua's circuits. International Journal of Bifurcation and Chaos，1999，9 (6)：1169－1174.

[32] Hongjie Yu，Yanzhu Liu. Chaotic synchronization based on stability criterion of linear systems. Physics Letters，2003，A (314)：292－298.

[33] 黄润生. 混沌及其应用[M]. 武汉：武汉大学出版社，2000：291－295.

[34] Yang T，Chua L O. Secure communication via chaotic parameter modulation. IEEE Trans. Circuits Syst. I，1996，43(9)：817－819.

[35] 黄润生，黄浩. 混沌及其应用[M]. 2 版. 北京：中央广播电视大学出版社，2005：

100 - 200.

[36] Linsay P S. Period doubling and chaotic behavior in a driven an harmonic oscillar. Phys. Pev. Lett. , 47, 1981.

[37] Yang T, Yang L B, Yang C M. Breaking chaotic switching using generalized synchronization: Examples. IEEE Trans. Circuits Syst. I, 1998, 45(10): 1062 - 1067.

[38] Kocarev L, Parliz U. Generalized synchronization, predictability, and equivalence of unidirectionally coupled dynamical systems. Phys. Rew. Lett. , 1996, 76(11): 1816 - 1819.

[39] Rulkov N F, Sushchik M M and Tsimring L S. Generalized synchronization of chaos in directionally coupled chaotic sysytems. Phys. Rew. E, 1995, 51(2): 980 - 994.

[40] Uchida A, McAllister R and Meucci R. Generalized synchronization of chaos in identical systems with hidden degrees of freedom. Phys. Rew. Lett. , 2003, 91(17): 174101.

[41] Carroll T L and Pecora L M. Synchronizing chaotic circuits. IEEE Trans. Circuits Syst. , 1991, 38: 453 - 456.

[42] Carroll T L, et al.. Cascading Synchroniztion Chaotic Systems. 1993, Physica D, 67: 126 - 140.

[43] Kocarev L and Parlitz U. General approach for chaotic synchronization with applications to communication. Phys. Rev. Lett. , 1995, 74(6): 5028 - 5031.

[44] John J K, et al.. Dynamics of Adaptive Systems. IEEE Trans, CAS, 1990, 37: 547 - 550.

[45] Jones A J, et al. Synchronization of chaotic neural networks. Int. JBC, 1998, 8(11): 2225 - 2237.

[46] Giuseppe Grassi and Damon A Miller. Theory and experimental realization of observer - based discrete - time hyperchaos synchronization. IEEE Trans. Circuits and Systems I, 2002, 49(3): 373 - 377.

[47] 蒋国平，王锁萍. 细胞神经网络超混沌系统同步及其在保密通信中的应用[J]. 通信学报，2000, 21(9): 79 - 85.

[48] 赵辽英，厉小润，赵光宙. 用细胞神经网络超混沌同步系统实现保密通信[J]. 电路与系统学报，2003, 8(3): 34 - 37.

[49] Joo Y H, Shieh L S and Chen G. Hybrid state - space fuzzy model - based controller with dual - rate sampling for digital control of chaotic systems. IEEE Trans. Fuzzy Syst. , 1999, 7(4): 394 - 408.

[50] Lian K Y, Chiu C S, Chiang T S and Liu P. Secure communications of chaotic systems with robust performance via fuzzy observer - based design. IEEE Trans. Fuzzy Syst. , 2001, 9(1): 212 - 220.

[51] Steliana Codreanu. Synchronization of spatiotemporal nonlinear synamical systems by an active control. Chaos, solitions and fractals. 2003, 15: 507 - 510.

[52] Angeli A D, Genesio R and Tesi A. Dead - beat chaos synchronization in discrete - tiem systems. 1995, 42(1): 54 - 57.

[53] 郑能恒，王新龙，等. Lorenz 系统的截断混沌同步及其在数字保密通信中的应用[J]. 南京大学学报(自然科学版). 2002，38 (2)，241 - 245.

[54] Henry Leung, Titus L O. Chaotic Radar Signal Processing over the Sea. IEEE Journal of Oceanic Engineering, July, 1993, 18, No. 3.

[55] Leung H. Experimental modeling of electromagnetic wave scattering from an ocean surface based on chaotic theory. Chaos, Fractals and Solitons, 1992, 2: 2543.

[56] Farina A and Russo A. Radar Detection of correlated targets in clutter. IEEE Trans. on Aerospace and Electronic Systems, 1986, AES - 22(5): 513 - 532.

[57] Chon K H, Kanters J K, Cohen R J, et al. Detection of chaotic determinism in time series from randomly forced maps. Physica D, 1997, 99: 471 - 486.

[58] Sune R J. Noise radar using random phase and frequency modulation. IEEE Trans. Geosci. Remote Sens. , 2004, 42(11): 2370 - 2384.

[59] Myers J and Flores B C. Radar imaging via random FM correlations. Proc. SPIE - Int. Soc. Opt. Eng. , 1999, 3721: 130 - 139.

[60] Xu Y, Narayanan RM, Xu X, et al. Polarimetric processing of coherent random noise radar data for buried object detection. IEEE Trans. Geosci. Remote Sens. , 2001, 39 (3): 467 - 478.

[61] Gu H, Liu G, Zhu X, et al. A new kind of noise - radar random binary phase coded CW radar. Proc. IEEE National Radar Conf. Syracuse, NY, USA, 1997, 202 - 206.

[62] Dawood M and Narayanan R M. Ambiguity function of an ultrawideband random noise radar. Proc. IEEE Antennas and Propagation Soc. Int. Symp. , Salt Lake City, UT, USA, 2000, 4: 2142 - 2145.

[63] 陆锦辉，是湘全，丁庆海，等. 随机二相码脉冲压缩雷达信号分析[J]. 电子学报，1996，24(6): 125 - 127.

[64] Vijayaraghavan V and Henry L. A novel chaos - based high - resolution imaging technique and its application to through - the - wall imaging. IEEE Signal Processing Letters，2005, 12(7): 528 - 531.

[65] Flores B C, Solis E A and Thomas G. Assessment of chaos - based FM signals for range - doppler imaging. IEE Proc. - Radar Sonar Navig. , 2003, 150(4): 313 - 322.

[66] Flores B C, Solis E A and Thomas G. Chaotic signals for wideband radar imaging. Proc. SPIE - Int. Soc. Opt. Eng. , 2002, 4727: 100 - 111.

[67] Ying S, Weihua S and Guosui L. Ambiguity function of chaotic phase modulated radar signals. Proc. Int. Conf. on Signal processing, 1998, 1574 - 1577.

[68] Wu X, Liu W and Zhao L. Chaotic phase code for radar pulse compression. Proc. IEEE National Radar Conf. , Atlanta, GA, USA, 2001, 279 - 283.

[69] 苏卫民，顾红，张先义. 基于外辐射源地雷达目标探测与跟踪技术研究[J]. 现代雷
     达，2005，27(4)：19 - 22.

[70] Slamani M, Weiner D, Tsao T, et al. Continuous – time continuous – frequency and
     discrete – Time discrete – frequency ambiguity functions. Proc. IEEE – SP Int. Symp.
     on Time – frequency and time – scale analysis, Victoria, BC, Canada, 1992, 501 – 504.

[71] Doka T, Seller R, Bozsoki I, et al. Role of the ambiguity function for comparing
     impulse and CW modulation in imaging radars. Proc. Int. Geoscience and Remote
     Sensing Symp. , 1993, 1：276 – 277.

[72] Gill G S, Huang J C. The ambiguity function of the step frequency radar signal processor.
     Proc. CIE Int. Radar Conf. , Beijing, China, 1996, 375 – 380.

[73] Ying S, Weihua S, Guosui L. Ambiguity function of chaotic phase modulated radar
     signals. Proc. Int. Conf. on Signal processing, 1998, 1574 – 1577.

[74] Setti G, Mazzini G, Rovatti R, et al. Statistical modeling of discrete – time chaotic
     processes: basic finite – dimensional tools and applications. Proc IEEE, 2002, 90：662
     – 690.

[75] Rovatti R, Mazzini G, Setti G, et al. Statistical modeling and design of discrete – time
     chaotic processes: advanced finite – dimensional tools and applications. Proc IEEE,
     2002, 90：820 – 841.

[76] Kohda T, Tsuneda A. Statistics of chaotic binary sequences. IEEE Trans Inf Theory,
     1997, 43：104 – 112.

[77] Kohda T. Information sources using chaotic dynamics. Proc IEEE, 2002, 90：641 – 661.

[78] Jose A R, Eduardo R, Juan C E, et al. Correlation analysis of chaotic trajectories from
     Chua's system. Chaos SolitonFract, 2008, 36：1157 – 1169.

[79] Syuji M, Miki U K, Kei E, et al. New developments in large deviation statistics and
     time correlation calculations in chaotic dynamics and stochastic processes. IEICE Tech
     Report, 2008, 3：37 – 42.

[80] Bucolo M, Caponetto R, Fortuna L, et al. Does Chaos Work Better Than Noise?
     Circuits and Systems Magazine, IEEE, 2002, 2(3)：4 – 19.

[81] Celikovsky S and Chen G R. Secure synchronization of a class of chaotic systems from
     a nonlinear observer approach. IEEE Trans. Automatic Control, 2005, 50：76 – 82.

[82] Carrol T L. Using the Cyclostationary Properties of Chaotic Signals for Communica-
     tions. IEEE Trans. Curcuits. Syst. I, 2002, 49(3)：357 – 362.

[83] Chon K H, Kanters J K, Iyengar N, et al. . Detection of Chaotic Determinism in
     Stochastic Short Time Series, IEEE/EMBS Proc. – 19th International Conference,
     1997, 10：275 – 277.

[84] Yuri V A, Alexander S, et al. . Multiplexing chaotic signals in the presence of noise.
     IEEE International Symposium on Circuits and Systems, 2000, 5：275 – 277.